数学基礎プラスγ（線形代数学編）2020

― 行列の対角化とその応用 ―

早稲田大学グローバルエデュケーションセンター 数学教育部門 編

2020年 4月

執筆者一覧

大枝　和浩（全編担当）

野口 和範（1章, 5章改訂担当）

編者を代表して

本書は早稲田大学グローバルエデュケーションセンター設置のオンデマンド講座「数学基礎プラス」シリーズ中の教科書として書かれたものであるが, 独立した自習書としても利用出来るような工夫がなされている. 以下では早稲田大学における「数学基礎プラス」シリーズの位置づけについて述べる.

早稲田大学では,「研究の早稲田」と並んで「教育の早稲田」をスローガンに掲げており「基盤教育」を柱の一つに据えている. 基盤教育は,「アカデミックライティング」(「学術的文章の作成」など),「数学」(「数学基礎プラス α (金利編) 」など),「データ科学」(「統計リテラシー α」など),「情報」(「情報科学の基礎」など),「英語」(「Tutorial English」など) からなっており, いわば, 現代大学生のための「読み・書き・算盤」である. 受講生の立場からは, これらを修得することにより, 社会に出るにあたって最低限必要な学力を身につけることができ, 一方, 早稲田大学としては, これらの科目を習得させることにより, 学生の学力の最低限度を保証 (卒業時の学力の出口保証が) できる.

「数学基礎プラス」シリーズは, 2008 年度秋学期 (後期) に開始された.「数学基礎プラス α (金利編) 」(以下, α (金利編) などと略す), α (最適化編), β (金利編), β (最適化編), γ (線形代数学編), γ (解析学編) の 6 科目からなっている. これらの科目のねらいは社会に出て必要となる「数学的思考力」(数学の基礎知識や論理的思考力) の養成であり, 主として非自然科学系学部の新入生が対象となる. 各科目はそれぞれ 8 回で完結する 1 単位科目としてフルオンデマンド講義で提供される (実際は, ビデオ講義 (黒板を使った講義の映像) に加え, 小テスト, LA による対面指導, mail 等によるきめ細かな質問対応を行っている).

「α」「β」「γ」は大まかなレベルを象徴しており, 開講当時の各科目は次のようなレベル分けをイメージして設計していた.

α: 2 次方程式の「判別式」や「解の公式」の理解が怪しいレベルの学生が受講対象

β: 2 次方程式の「判別式」を理解しており,「実数解」が得られる場合には,「異なる 2 実解」「2 重解」の両方とも解くことが出来るレベルの学生が受講対象

γ:「複素解」の場合にも解くことが出来るレベルの学生が受講対象 (自然科学系の学生も受講可能)

また,「数学基礎プラス」シリーズは高校数学を前提とせずに受講できるが, 一方で高校数学では扱っていない項目も含まれていて, 社会で使われている数学の一端を垣間見ることが出来るだろう. また, 大学で学習する数理系科目に繋がるような工夫がなされているので, 本書をそのような目的で利用しても良いだろう.

2020 年 2 月

瀧澤　武信

謝辞

　本書は早稲田大学の全学基盤教育「WASEDA 式アカデミックリテラシー」の数学分野「数学基礎プラス」シリーズの一科目の教科書として作成されています.

　本書の作成・発行にあたって, グローバルエデュケーションセンター職員の方々, 早稲田大学出版部の方々, 加藤文明社の方々には大変お世話になりました.

　最後になりますが, 本数学シリーズの授業は過去にご担当された先生方 (新庄玲子氏, 上江洲弘明氏, 大枝和浩氏, 齋藤正顕氏, 遠藤直樹氏, 登口大氏, 永島謙一氏, 坂田繁洋氏, 佐々木多希子氏, 浦川遼介氏) が築き上げた授業内容・教育手法を踏襲し開講されており, 授業運営に当たっては自学自習 TA (LA) の方々の多大な貢献により成り立っていることを申し添えておきます.

2020 年 2 月

グローバルエデュケーションセンター数学教育部門

目 次

第0章　受講する前に

1．数学記号

　ここでは，本書で用いる数学記号について説明する．

	記　号	読 み 方	意　味
(1)	$P \Longrightarrow Q$	P ならば Q	P のことから Q のことが言える
(2)	$P \Longleftrightarrow Q$	P と Q は同値	$P \Longrightarrow Q$ と $Q \Longrightarrow P$ が同時に成り立つ
(3)	$a \neq b$	a ノット イコール b	a と b は等しくない
(4)	$|a|$	絶対値 a	$a \geqq 0$ のときは a を $a < 0$ のときは $-a$ を表す

上記の数学記号に加え，本書では以下の 2 つの記号を用いる．

- 「定理の証明の終わりを示す記号」　として　□

- 「例題の解答，問題の解答，例の終わりを示す記号」　として　■

２．ギリシア文字

　数学では，定数や変数などを表す際にアルファベットを用いるが，ギリシア文字も使うことがある．参考として，ギリシア文字の表を載せておく．

小文字	大文字	読み方		小文字	大文字	読み方	
α	A	アルファ	alpha	ν	N	ニュー	nu
β	B	ベータ	beta	ξ	Ξ	グザイ	xi
γ	Γ	ガンマ	gamma	o	O	オミクロン	omicron
δ	Δ	デルタ	delta	π	Π	パイ	pi
ε	E	イプシロン	epsilon	ρ	P	ロー	rho
ζ	Z	ゼータ	zeta	σ	Σ	シグマ	sigma
η	H	イータ	eta	τ	T	タウ	tau
θ	Θ	シータ	theta	υ	Υ	ユプシロン	upsilon
ι	I	イオタ	iota	ϕ	Φ	ファイ	phi
κ	K	カッパ	kappa	χ	X	カイ	chi
λ	Λ	ラムダ	lambda	ψ	Ψ	プサイ	psi
μ	M	ミュー	mu	ω	Ω	オメガ	omega

3．線形代数学に関する基本用語

　線形代数学に関する用語や記号について，本書で必要となるものを中心に述べておく．なお，本書で登場する数（行列の成分，定数，変数，関数値など）は，すべて実数とする．ただし，第3章の冒頭（3－1節）のみ複素数が登場する．

（行列）

- いくつかの数を長方形状に並べて [ ] または ( ) でくくったものを**行列**という（本書では [ ] を用いる）．

- 特に，m と n を自然数（1以上の整数）とするとき，mn 個の数 a_{ij} $(i = 1, 2, \cdots, m, \ j = 1, 2, \cdots, n)$ に対して，

$$\begin{bmatrix} a_{11} & a_{12} & \cdots & a_{1n} \\ a_{21} & a_{22} & \cdots & a_{2n} \\ \vdots & \vdots & & \vdots \\ a_{m1} & a_{m2} & \cdots & a_{mn} \end{bmatrix} \tag{0.1}$$

　を **m 行 n 列の行列**または **$m \times n$ 行列**という．

（行，列，成分）

- 行列における横の並びを**行**といい，縦の並びを**列**という．また，行列を構成するそれぞれの数を**成分**という．

- 特に，行列において，上から i 番目に並んでいる数の組を**第 i 行**（または単に **i 行**）といい，左から j 番目に並んでいる数の組を**第 j 列**（または単に **j 列**）といい，第 i 行にも第 j 列にも含まれている数を **(i, j) 成分**という．

- 行列 (0.1) の上から i 番目かつ左から j 番目にある数は a_{ij} である．従って，行列 (0.1) の第 i 行は $a_{i1}, a_{i2}, \cdots, a_{in}$ であり，第 j 列は $a_{1j}, a_{2j}, \cdots, a_{mj}$ であり，(i, j) 成分は a_{ij} である．

（正方行列）

- 行の数と列の数が等しい行列を**正方行列**という．

- 特に，$n \times n$ 行列のことを **n 次正方行列**という．

行ベクトル，列ベクトル

- 行の数が 1 つだけの行列を**行ベクトル**といい，列の数が 1 つだけの行列を**列ベクトル**という．

- 特に，$1 \times n$ 行列のことを **n 次行ベクトル**といい，$m \times 1$ 行列のことを **m 次列ベクトル**という．

- 行ベクトルにおいて，左から j 番目にある成分を**第 j 成分**という．また，列ベクトルにおいて，上から i 番目にある成分を**第 i 成分**という．

- 本書では，$[a_{11}, a_{12}, \cdots, a_{1n}]$ のように，行ベクトルの成分と成分の間にコンマを入れる．

対角成分，対角行列

- n 次正方行列

$$\begin{bmatrix} a_{11} & a_{12} & \cdots & a_{1n} \\ a_{21} & a_{22} & \cdots & a_{2n} \\ \vdots & \vdots & \ddots & \vdots \\ a_{n1} & a_{n2} & \cdots & a_{nn} \end{bmatrix}$$

の左上から右下の対角線上に並んでいる成分 $a_{11}, a_{22}, \cdots, a_{nn}$ を**対角成分**という．

- 対角成分以外の成分がすべて 0 である正方行列を**対角行列**という．すなわち，

$$\begin{bmatrix} a_{11} & 0 & \cdots & 0 \\ 0 & a_{22} & \ddots & \vdots \\ \vdots & \ddots & \ddots & 0 \\ 0 & \cdots & 0 & a_{nn} \end{bmatrix}$$

を対角行列という（対角成分に 0 が含まれていてもよい）．

単位行列

- 対角成分がすべて 1 でその他の成分がすべて 0 である正方行列を**単位行列**といい，E で表す（本によっては I で表す場合もある）．すなわち，

$$E = \begin{bmatrix} 1 & 0 & \cdots & 0 \\ 0 & 1 & \ddots & \vdots \\ \vdots & \ddots & \ddots & 0 \\ 0 & \cdots & 0 & 1 \end{bmatrix}$$

である．

- 特に，考えている単位行列が n 次正方行列の場合には **n 次単位行列**ともいう．

零行列，零ベクトル

・すべての成分が 0 である行列を**零行列**といい，O（大文字のオー）で表す．すなわち，

$$O = \begin{bmatrix} 0 & 0 & \cdots & 0 \\ 0 & 0 & \cdots & 0 \\ \vdots & \vdots & & \vdots \\ 0 & 0 & \cdots & 0 \end{bmatrix}$$

である．

・すべての成分が 0 である行ベクトルや列ベクトルは**零ベクトル**ともいい，$\mathbf{0}$（数字の零の太字）で表す．すなわち，

$$\mathbf{0} = \begin{bmatrix} 0 \\ 0 \\ \vdots \\ 0 \end{bmatrix}, \qquad \mathbf{0} = [0,\, 0,\, \cdots,\, 0]$$

である．

転置行列

・$m \times n$ 行列 A の行と列を交換してできる $n \times m$ 行列を A の**転置行列**といい，${}^t A$ で表す．すなわち，

$$A = \begin{bmatrix} a_{11} & a_{12} & \cdots & a_{1n} \\ a_{21} & a_{22} & \cdots & a_{2n} \\ \vdots & \vdots & & \vdots \\ a_{m1} & a_{m2} & \cdots & a_{mn} \end{bmatrix}$$

のとき，

$$
{}^t A = \begin{bmatrix} a_{11} & a_{21} & \cdots & a_{m1} \\ a_{12} & a_{22} & \cdots & a_{m2} \\ \vdots & \vdots & & \vdots \\ a_{1n} & a_{2n} & \cdots & a_{mn} \end{bmatrix}
$$

である．

正則行列，逆行列

- A を正方行列とする.

$$AX = XA = E \tag{0.2}$$

  を満たす正方行列 X が存在するとき，A を**正則行列**（または単に**正則**）という.

- 特に，考えている正則行列が n 次正方行列の場合には **n 次正則行列**ともいう.

- A が正則行列のとき，(0.2) を満たす X を A の**逆行列**といい，A^{-1} で表す. 従って，A が正則行列のときには，

$$AA^{-1} = A^{-1}A = E$$

  である.

注意　(0.2) の E は，A と同じ次数の単位行列である. すなわち，A が n 次正方行列ならば，E は n 次単位行列である. 今後も同様である.

正方行列のべき乗

- 正方行列 A と自然数 k に対して，A を k 回掛け合わせた行列を A の **k 乗**（または**べき乗**）といい，A^k で表す. 例えば，

$$A^1 = A, \qquad A^2 = AA, \qquad A^3 = AAA$$

  である.

- $A^0 = E$ と定める.

列ベクトルへの分割，行ベクトルへの分割

$m \times n$ 行列

$$A = \begin{bmatrix} a_{11} & a_{12} & \cdots & a_{1n} \\ a_{21} & a_{22} & \cdots & a_{2n} \\ \vdots & \vdots & & \vdots \\ a_{m1} & a_{m2} & \cdots & a_{mn} \end{bmatrix}$$

を m 次列ベクトルの集まりであると考えて，

$$A = [\boldsymbol{a}_1, \boldsymbol{a}_2, \cdots, \boldsymbol{a}_n]$$

と書くことがある（A の**列ベクトルへの分割**）．ただし，

$$\boldsymbol{a}_1 = \begin{bmatrix} a_{11} \\ a_{21} \\ \vdots \\ a_{m1} \end{bmatrix}, \quad \boldsymbol{a}_2 = \begin{bmatrix} a_{12} \\ a_{22} \\ \vdots \\ a_{m2} \end{bmatrix}, \quad \cdots, \quad \boldsymbol{a}_n = \begin{bmatrix} a_{1n} \\ a_{2n} \\ \vdots \\ a_{mn} \end{bmatrix}$$

である．また，上記の $m \times n$ 行列 A を n 次行ベクトルの集まりであると考えて，

$$A = \begin{bmatrix} \boldsymbol{b}_1 \\ \boldsymbol{b}_2 \\ \vdots \\ \boldsymbol{b}_m \end{bmatrix}$$

と書くこともある（A の**行ベクトルへの分割**）．ただし，

$$\boldsymbol{b}_1 = [a_{11}, a_{12}, \cdots, a_{1n}], \quad \boldsymbol{b}_2 = [a_{21}, a_{22}, \cdots, a_{2n}], \quad \cdots, \quad \boldsymbol{b}_m = [a_{m1}, a_{m2}, \cdots, a_{mn}]$$

である．

4．微分に関する基本用語

　微分に関する用語や記号について，本書（第 7 章）で必要となるものを中心に述べておく．通常，関数を表す記号として f や $f(x)$ を用いるが，本書では，y や $y(x)$ を用いる．なお，y は $y(x)$ を略記したものである．

微分に関する用語と記号

・関数 $y(x)$ は少なくとも $x=a$ の近傍（点 a 及び a に十分近いすべての実数）で定義されているとする．このとき，極限値
$$\lim_{h \to 0} \frac{y(a+h) - y(a)}{h}$$
が存在するならば，$y(x)$ は $x=a$ において**微分可能**であるといい，その極限値を $y'(a)$ で表す．また，$y'(a)$ を $y(x)$ の $x=a$ における**微分係数**という．

・関数 $y(x)$ が区間 I のすべての点において微分可能なとき，$y(x)$ は区間 I において**微分可能**であるという（「区間 I において」という言葉は省略することもある）．

・関数 $y(x)$ はある区間において微分可能であるとする．このとき，その区間上の各点にその点における微分係数を対応させる関数を $y(x)$ の**導関数**といい，$y'(x)$ で表す．すなわち，
$$y'(x) = \lim_{h \to 0} \frac{y(x+h) - y(x)}{h}$$
である．また，$y(x)$ の導関数を求めることを**微分する**という．なお，$y(x)$ の導関数を表す記号として，$y'(x)$ の他に
$$y', \qquad \frac{d}{dx}y(x), \qquad \frac{d}{dx}y, \qquad \frac{dy}{dx}, \qquad \{y(x)\}'$$
などを用いる場合もある．

・関数 $y(x)$ の導関数が微分可能なとき，すなわち，$\{y'(x)\}'$ が存在するとき，$y(x)$ は **2 回微分可能**であるという．また，関数 $y(x)$ が 2 回微分可能なとき，$\{y'(x)\}'$ を $y(x)$ の **2 階導関数**といい，$y''(x)$ や y'' などで表す．

・一般に，関数 $y(x)$ の $n-1$ 階導関数 $y^{(n-1)}(x)$ が微分可能なとき，すなわち，$\{y^{(n-1)}(x)\}'$ が存在するとき，$y(x)$ は **n 回微分可能**であるという．また，関数 $y(x)$ が n 回微分可能なとき，$\{y^{(n-1)}(x)\}'$ を $y(x)$ の **n 階導関数**といい，$y^{(n)}(x)$ や $y^{(n)}$ などで表す．

5．微分方程式に関する基本用語

微分方程式に関する用語について，本書（第7章）で必要となるものを中心に述べておく．

> ### 微分方程式に関する用語
>
> - 独立変数 x と未知関数 $y(x)$ 及びその有限階までの導関数に関する方程式を，**常微分方程式**という．なお，独立変数として x の代わりに t などを用いることもある（例えば，独立変数が時刻を表す場合）．
>
> - 独立変数が1つのときを常微分方程式といい，2つ以上あるときは**偏微分方程式**というが，本書では偏微分方程式は扱わないので，今後は，常微分方程式のことを単に**微分方程式**と呼ぶ．
>
> - 微分方程式に含まれる導関数の最高階数が n のとき，**n 階微分方程式**という．
>
> - 未知関数の数と方程式の数が2つ以上あるときは，**連立微分方程式**という．
>
> - 微分方程式を満たす関数を**解**という．一般に，微分方程式の解は無限個存在し，任意定数を用いて表される．任意定数を用いて表した解を**一般解**といい（連立でない単独の n 階微分方程式の一般解は n 個の任意定数を含む），それに対して，1つ1つの解を**特殊解**という．なお，一般解で表現できない解（**特異解**）が存在する微分方程式もあるが，本書では，特異解が存在する微分方程式は扱わない．
>
> - 微分方程式のすべての解（または，与えられた条件を満たす解）を求めることを，微分方程式を**解く**という．
>
> - n 階微分方程式が最高階の導関数 $y^{(n)}$ について解けるとき，すなわち，
>
> $$y^{(n)} = F\left(x, y, y', \cdots, y^{(n-1)}\right) \tag{0.3}$$
>
> の形に表せるとき，(0.3) を**正規形**という．また，(0.3) の F が $y, y', \cdots, y^{(n-1)}$ に関する1次式のとき（x に関しては1次式でなくてもよい），(0.3) を**線形微分方程式**という．
>
> - n 階微分方程式について考える際に，定数 $\alpha, \beta_0, \beta_1, \cdots, \beta_{n-1}$ を与えて
>
> $$y(\alpha) = \beta_0, \quad y'(\alpha) = \beta_1, \quad \cdots, \quad y^{(n-1)}(\alpha) = \beta_{n-1} \tag{0.4}$$
>
> という条件を課して考えることがある．条件 (0.4) を**初期条件**といい，$(\beta_0, \beta_1, \cdots, \beta_{n-1})$ を**初期値**という．また，初期条件を満たす微分方程式の解を求める問題を**初期値問題**という．
>
> - 連立微分方程式に初期条件を課す場合には，それぞれの未知関数に初期条件を課す．例えば，y_1, y_2 を未知関数とする1階連立微分方程式に初期条件を課す場合，
>
> $$y_1(\alpha) = \beta, \qquad y_2(\alpha) = \gamma$$
>
> のようになる（$y_1(\alpha) = \beta$ かつ $y_2(\alpha) = \gamma$ という意味である）．

第1章　2次と3次の行列式

　この章では2次と3次の行列式（2次及び3次正方行列に対する行列式）の定義を与え，その起源が連立1次方程式であることを見る．また，2次や3次（特に3次）の行列式の値を計算する方法として，サラスの方法を紹介する．さらに，2次や3次の行列式に関する基本的な性質についても述べる．

1－1．2次の行列式

　この節では，2次の行列式（2次正方行列に対する行列式）の定義を与える．

定義 1.1

$A = \begin{bmatrix} a_{11} & a_{12} \\ a_{21} & a_{22} \end{bmatrix}$ に対して，$a_{11}a_{22} - a_{12}a_{21}$ を A の**行列式**といい，$|A|$ で表す．すなわち，

$$|A| = \begin{vmatrix} a_{11} & a_{12} \\ a_{21} & a_{22} \end{vmatrix} = a_{11}a_{22} - a_{12}a_{21}$$

である．

注意　2次の行列式において，$a_{11}a_{22}$ の前の符号が $+$ で $a_{12}a_{21}$ の前の符号が $-$ であることを理解するには，次の図が便利である（下図に従って2次の行列式の値を計算する方法を，**サラスの方法**という場合がある）．

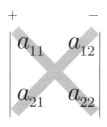

　それでは，2次の行列式に関する計算問題などを解いていこう．

例題 1.1　　次の行列式の値を求めよ.

$$(1) \begin{vmatrix} 1 & 2 \\ 3 & 4 \end{vmatrix} \qquad (2) \begin{vmatrix} 8 & -2 \\ 5 & 9 \end{vmatrix}$$

解答　以下で, $1 \cdot 4$ や $8 \cdot 9$ などは掛け算を表す. すなわち, 例えば, $1 \cdot 4$ は 1×4 と同じ意味である. 今後も同様である.

(1)
$$\begin{vmatrix} 1 & 2 \\ 3 & 4 \end{vmatrix} = 1 \cdot 4 - 2 \cdot 3 = -2$$

(2)
$$\begin{vmatrix} 8 & -2 \\ 5 & 9 \end{vmatrix} = 8 \cdot 9 - (-2) \cdot 5 = 82 \quad \blacksquare$$

問題 1.1　　次の行列式の値を求めよ.

$$(1) \begin{vmatrix} 3 & 9 \\ 2 & 6 \end{vmatrix} \qquad (2) \begin{vmatrix} 6 & 5 \\ 7 & 0 \end{vmatrix}$$

解答

(1)
$$\begin{vmatrix} 3 & 9 \\ 2 & 6 \end{vmatrix} = 3 \cdot 6 - 9 \cdot 2 = 0$$

(2)
$$\begin{vmatrix} 6 & 5 \\ 7 & 0 \end{vmatrix} = 6 \cdot 0 - 5 \cdot 7 = -35 \quad \blacksquare$$

例題 1.2

$$\begin{vmatrix} x & 2 \\ 1 & x-1 \end{vmatrix} = 0$$

を満たす実数 x をすべて求めよ.

解答

$$\begin{vmatrix} x & 2 \\ 1 & x-1 \end{vmatrix} = x(x-1) - 2 \cdot 1 = x^2 - x - 2 = (x+1)(x-2)$$

なので,

$$\begin{vmatrix} x & 2 \\ 1 & x-1 \end{vmatrix} = 0 \iff (x+1)(x-2) = 0$$

である. よって, 求める x は, $x = -1$ と $x = 2$ である. ■

問題 1.2

$$\begin{vmatrix} x+1 & x-2 \\ -4 & 2x \end{vmatrix} = 0$$

を満たす実数 x をすべて求めよ.

解答

$$\begin{vmatrix} x+1 & x-2 \\ -4 & 2x \end{vmatrix} = (x+1) \cdot 2x - (x-2) \cdot (-4) = 2x^2 + 6x - 8 = 2(x+4)(x-1)$$

なので,

$$\begin{vmatrix} x+1 & x-2 \\ -4 & 2x \end{vmatrix} = 0 \iff 2(x+4)(x-1) = 0$$

である. よって, 求める x は, $x = -4$ と $x = 1$ である. ■

2次の行列式は2元連立1次方程式と関わっている. そこで, x_1, x_2 を未知数とする2元連立1次方程式

$$\begin{cases} a_{11}x_1 + a_{12}x_2 = d_1 \\ a_{21}x_1 + a_{22}x_2 = d_2 \end{cases} \tag{1.1}$$

を考えよう. 解を消去法で求めてみる. まず, (第1式) $\times a_{22} -$ (第2式) $\times a_{12}$ より,

$$(a_{11}a_{22} - a_{12}a_{21})x_1 = d_1 a_{22} - a_{12}d_2$$

となる. また, (第2式) $\times a_{11} -$ (第1式) $\times a_{21}$ より,

$$(a_{11}a_{22} - a_{12}a_{21})x_2 = a_{11}d_2 - d_1 a_{21}$$

となる．よって，$a_{11}a_{22} - a_{12}a_{21} \neq 0$ のとき，

$$x_1 = \frac{d_1 a_{22} - a_{12} d_2}{a_{11} a_{22} - a_{12} a_{21}} = \frac{\begin{vmatrix} d_1 & a_{12} \\ d_2 & a_{22} \end{vmatrix}}{\begin{vmatrix} a_{11} & a_{12} \\ a_{21} & a_{22} \end{vmatrix}}, \qquad x_2 = \frac{a_{11} d_2 - d_1 a_{21}}{a_{11} a_{22} - a_{12} a_{21}} = \frac{\begin{vmatrix} a_{11} & d_1 \\ a_{21} & d_2 \end{vmatrix}}{\begin{vmatrix} a_{11} & a_{12} \\ a_{21} & a_{22} \end{vmatrix}}$$

となる．連立方程式を解くときに，行列式の概念は自然に現れるのである．線形代数の一つの目的は連立方程式をシステマチックに解く理論を与えることであるため，線形代数の多くの概念は連立方程式と密接に関わっている．

定理 1.1（2 元連立 1 次方程式のクラメルの公式）

$\begin{vmatrix} a_{11} & a_{12} \\ a_{21} & a_{22} \end{vmatrix} \neq 0$ のとき，x_1, x_2 を未知数とする 2 元連立 1 次方程式 $\begin{cases} a_{11}x_1 + a_{12}x_2 = d_1 \\ a_{21}x_1 + a_{22}x_2 = d_2 \end{cases}$ の解はただ 1 つ存在し，

$$x_1 = \frac{\begin{vmatrix} d_1 & a_{12} \\ d_2 & a_{22} \end{vmatrix}}{\begin{vmatrix} a_{11} & a_{12} \\ a_{21} & a_{22} \end{vmatrix}}, \qquad x_2 = \frac{\begin{vmatrix} a_{11} & d_1 \\ a_{21} & d_2 \end{vmatrix}}{\begin{vmatrix} a_{11} & a_{12} \\ a_{21} & a_{22} \end{vmatrix}}$$

で与えられる．

例題 1.3　クラメルの公式を用いて次の連立 1 次方程式の解を求めよ．

$$\begin{cases} 2x_1 + 3x_2 = 4 \\ 5x_1 + 6x_2 = 7 \end{cases}$$

解答

$$\begin{vmatrix} 2 & 3 \\ 5 & 6 \end{vmatrix} = 2 \cdot 6 - 3 \cdot 5 = -3 \neq 0$$

なので，クラメルの公式を適用することができ，求める解は

$$x_1 = \frac{\begin{vmatrix} 4 & 3 \\ 7 & 6 \end{vmatrix}}{\begin{vmatrix} 2 & 3 \\ 5 & 6 \end{vmatrix}} = \frac{4 \cdot 6 - 3 \cdot 7}{-3} = -1, \qquad x_2 = \frac{\begin{vmatrix} 2 & 4 \\ 5 & 7 \end{vmatrix}}{\begin{vmatrix} 2 & 3 \\ 5 & 6 \end{vmatrix}} = \frac{2 \cdot 7 - 4 \cdot 5}{-3} = 2$$

である．■

> **問題 1.3** クラメルの公式を用いて次の連立1次方程式の解を求めよ．
> $$\begin{cases} x_1 - x_2 = -2 \\ 7x_1 - 3x_2 = 6 \end{cases}$$

解答

$$\begin{vmatrix} 1 & -1 \\ 7 & -3 \end{vmatrix} = 1 \cdot (-3) - (-1) \cdot 7 = 4 \neq 0$$

なので，クラメルの公式を適用することができ，求める解は

$$x_1 = \frac{\begin{vmatrix} -2 & -1 \\ 6 & -3 \end{vmatrix}}{\begin{vmatrix} 1 & -1 \\ 7 & -3 \end{vmatrix}} = \frac{(-2) \cdot (-3) - (-1) \cdot 6}{4} = 3, \quad x_2 = \frac{\begin{vmatrix} 1 & -2 \\ 7 & 6 \end{vmatrix}}{\begin{vmatrix} 1 & -1 \\ 7 & -3 \end{vmatrix}} = \frac{1 \cdot 6 - (-2) \cdot 7}{4} = 5$$

である． ∎

次に，2次の行列式の性質について述べる．

> **定理 1.2**（2次の行列式の性質）
>
> (1) 列に関する多重線形性
> $$\begin{vmatrix} a_{11} + b_{11} & a_{12} \\ a_{21} + b_{21} & a_{22} \end{vmatrix} = \begin{vmatrix} a_{11} & a_{12} \\ a_{21} & a_{22} \end{vmatrix} + \begin{vmatrix} b_{11} & a_{12} \\ b_{21} & a_{22} \end{vmatrix}, \quad \begin{vmatrix} ca_{11} & a_{12} \\ ca_{21} & a_{22} \end{vmatrix} = c \begin{vmatrix} a_{11} & a_{12} \\ a_{21} & a_{22} \end{vmatrix}$$
> $$\begin{vmatrix} a_{11} & a_{12} + b_{12} \\ a_{21} & a_{22} + b_{22} \end{vmatrix} = \begin{vmatrix} a_{11} & a_{12} \\ a_{21} & a_{22} \end{vmatrix} + \begin{vmatrix} a_{11} & b_{12} \\ a_{21} & b_{22} \end{vmatrix}, \quad \begin{vmatrix} a_{11} & ca_{12} \\ a_{21} & ca_{22} \end{vmatrix} = c \begin{vmatrix} a_{11} & a_{12} \\ a_{21} & a_{22} \end{vmatrix}$$
>
> (2) 列に関する交代性
> $$\begin{vmatrix} a_{12} & a_{11} \\ a_{22} & a_{21} \end{vmatrix} = - \begin{vmatrix} a_{11} & a_{12} \\ a_{21} & a_{22} \end{vmatrix}$$
>
> (3) 第1列と第2列が等しいときの行列式の値
> $$\begin{vmatrix} a_1 & a_1 \\ a_2 & a_2 \end{vmatrix} = 0$$
>
> (4) 単位行列の行列式の値
> $$\begin{vmatrix} 1 & 0 \\ 0 & 1 \end{vmatrix} = 1$$

証明. 行列式の定義に従って計算すればよい．

(1)

$$\begin{vmatrix} a_{11} + b_{11} & a_{12} \\ a_{21} + b_{21} & a_{22} \end{vmatrix} = (a_{11} + b_{11})a_{22} - a_{12}(a_{21} + b_{21}) = a_{11}a_{22} + b_{11}a_{22} - a_{12}a_{21} - a_{12}b_{21}$$

$$= a_{11}a_{22} - a_{12}a_{21} + b_{11}a_{22} - a_{12}b_{21}$$

$$= \begin{vmatrix} a_{11} & a_{12} \\ a_{21} & a_{22} \end{vmatrix} + \begin{vmatrix} b_{11} & a_{12} \\ b_{21} & a_{22} \end{vmatrix},$$

$$\begin{vmatrix} ca_{11} & a_{12} \\ ca_{21} & a_{22} \end{vmatrix} = ca_{11}a_{22} - a_{12}ca_{21} = c(a_{11}a_{22} - a_{12}a_{21}) = c\begin{vmatrix} a_{11} & a_{12} \\ a_{21} & a_{22} \end{vmatrix},$$

$$\begin{vmatrix} a_{11} & a_{12} + b_{12} \\ a_{21} & a_{22} + b_{22} \end{vmatrix} = a_{11}(a_{22} + b_{22}) - (a_{12} + b_{12})a_{21} = a_{11}a_{22} + a_{11}b_{22} - a_{12}a_{21} - b_{12}a_{21}$$

$$= a_{11}a_{22} - a_{12}a_{21} + a_{11}b_{22} - b_{12}a_{21}$$

$$= \begin{vmatrix} a_{11} & a_{12} \\ a_{21} & a_{22} \end{vmatrix} + \begin{vmatrix} a_{11} & b_{12} \\ a_{21} & b_{22} \end{vmatrix},$$

$$\begin{vmatrix} a_{11} & ca_{12} \\ a_{21} & ca_{22} \end{vmatrix} = a_{11}ca_{22} - ca_{12}a_{21} = c(a_{11}a_{22} - a_{12}a_{21}) = c\begin{vmatrix} a_{11} & a_{12} \\ a_{21} & a_{22} \end{vmatrix}$$

(2)

$$\begin{vmatrix} a_{12} & a_{11} \\ a_{22} & a_{21} \end{vmatrix} = a_{12}a_{21} - a_{11}a_{22} = -(a_{11}a_{22} - a_{12}a_{21}) = -\begin{vmatrix} a_{11} & a_{12} \\ a_{21} & a_{22} \end{vmatrix}$$

(3)

$$\begin{vmatrix} a_1 & a_1 \\ a_2 & a_2 \end{vmatrix} = a_1 a_2 - a_1 a_2 = 0$$

(4)

$$\begin{vmatrix} 1 & 0 \\ 0 & 1 \end{vmatrix} = 1 \cdot 1 - 0 \cdot 0 = 1 \quad \square$$

（注意）　定理 1.2 の (1) の上段の性質を第 1 列に関する線形性といい，下段の性質を第 2 列に関する線形性という．このように，各列に対して線形性が成り立っているので，列に関して多重線形性が成り立つという言い方をする．

（注意）　行列に対しては，行列の定数倍（スカラー倍）は

$$c \begin{bmatrix} a_{11} & a_{12} \\ a_{21} & a_{22} \end{bmatrix} = \begin{bmatrix} ca_{11} & ca_{12} \\ ca_{21} & ca_{22} \end{bmatrix}$$

で定義される．一方，定理 1.2 の (1) から，行列式に対しては

$$\begin{vmatrix} ca_{11} & a_{12} \\ ca_{21} & a_{22} \end{vmatrix} = c\begin{vmatrix} a_{11} & a_{12} \\ a_{21} & a_{22} \end{vmatrix}, \qquad \begin{vmatrix} a_{11} & ca_{12} \\ a_{21} & ca_{22} \end{vmatrix} = c\begin{vmatrix} a_{11} & a_{12} \\ a_{21} & a_{22} \end{vmatrix}$$

が成り立ち，さらに，

$$\begin{vmatrix} ca_{11} & ca_{12} \\ ca_{21} & ca_{22} \end{vmatrix} = c^2 \begin{vmatrix} a_{11} & a_{12} \\ a_{21} & a_{22} \end{vmatrix}$$

が成り立つことも簡単に証明できる．行列の定数倍とのこのような違いに注意が必要である．

さて，例えば，$a_1 = \begin{bmatrix} a_{11} \\ a_{21} \end{bmatrix}$, $a_2 = \begin{bmatrix} a_{12} \\ a_{22} \end{bmatrix}$ とすると，$\begin{vmatrix} a_{11} & a_{12} \\ a_{21} & a_{22} \end{vmatrix}$ の代わりに $|a_1,\, a_2|$ と書くことができる．このように，列ベクトルを用いることで，定理 1.2 は次のように述べることもできる．

定理 1.3（2 次の行列式の性質の列ベクトルを用いた表現）

任意の 2 次列ベクトル a_1, b_1, a_2, b_2, a と任意の実数 c 及び $e_1 = \begin{bmatrix} 1 \\ 0 \end{bmatrix}$, $e_2 = \begin{bmatrix} 0 \\ 1 \end{bmatrix}$ に対して以下が成り立つ．

(1) 列に関する多重線形性

$$|a_1 + b_1,\, a_2| = |a_1,\, a_2| + |b_1,\, a_2|, \qquad |ca_1,\, a_2| = c|a_1,\, a_2|$$
$$|a_1,\, a_2 + b_2| = |a_1,\, a_2| + |a_1,\, b_2|, \qquad |a_1,\, ca_2| = c|a_1,\, a_2|$$

(2) 列に関する交代性

$$|a_2,\, a_1| = -|a_1,\, a_2|$$

(3) 第 1 列と第 2 列が等しいときの行列式の値

$$|a,\, a| = 0$$

(4) 単位行列の行列式の値

$$|e_1,\, e_2| = 1$$

1－2．3次の行列式

この節では，3次の行列式（3次正方行列に対する行列式）の定義を与える.

> **定義 1.2**
>
> $A = \begin{bmatrix} a_{11} & a_{12} & a_{13} \\ a_{21} & a_{22} & a_{23} \\ a_{31} & a_{32} & a_{33} \end{bmatrix}$ に対して，A の**行列式** $|A|$ を以下で定義する.
>
> $$|A| = \begin{vmatrix} a_{11} & a_{12} & a_{13} \\ a_{21} & a_{22} & a_{23} \\ a_{31} & a_{32} & a_{33} \end{vmatrix}$$
>
> $$= a_{11}a_{22}a_{33} + a_{12}a_{23}a_{31} + a_{13}a_{32}a_{21} - a_{13}a_{22}a_{31} - a_{12}a_{21}a_{33} - a_{11}a_{32}a_{23}$$

注意　3次の行列式において，$a_{11}a_{22}a_{33}$, $a_{12}a_{23}a_{31}$, $a_{13}a_{32}a_{21}$ の前の符号が $+$ で $a_{13}a_{22}a_{31}$, $a_{12}a_{21}a_{33}$, $a_{11}a_{32}a_{23}$ の前の符号が $-$ であることを理解するには，次の図が便利である（下図に従って3次の行列式の値を計算する方法を，**サラスの方法**という）．

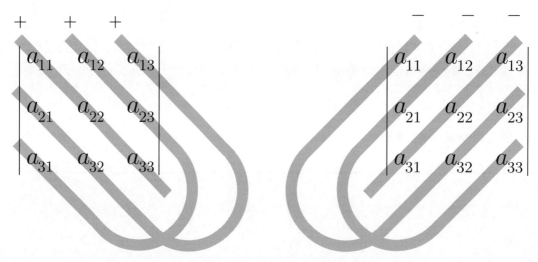

> **例題 1.4**　次の行列式の値を求めよ.
>
> $(1)\ \begin{vmatrix} 1 & 2 & 3 \\ 4 & 5 & 6 \\ 7 & 8 & 9 \end{vmatrix}$ $(2)\ \begin{vmatrix} 3 & 0 & -2 \\ 5 & 7 & 0 \\ 0 & -6 & 4 \end{vmatrix}$ $(3)\ \begin{vmatrix} -5 & 3 & 9 \\ 0 & 4 & -2 \\ 1 & 7 & 0 \end{vmatrix}$

解答

(1)

$$\begin{vmatrix} 1 & 2 & 3 \\ 4 & 5 & 6 \\ 7 & 8 & 9 \end{vmatrix} = 1 \cdot 5 \cdot 9 + 2 \cdot 6 \cdot 7 + 3 \cdot 8 \cdot 4 - 3 \cdot 5 \cdot 7 - 2 \cdot 4 \cdot 9 - 1 \cdot 8 \cdot 6$$

$$= 45 + 84 + 96 - 105 - 72 - 48$$

$$= 0$$

(2)

$$\begin{vmatrix} 3 & 0 & -2 \\ 5 & 7 & 0 \\ 0 & -6 & 4 \end{vmatrix} = 3 \cdot 7 \cdot 4 + 0 \cdot 0 \cdot 0 + (-2) \cdot (-6) \cdot 5 - (-2) \cdot 7 \cdot 0 - 0 \cdot 5 \cdot 4 - 3 \cdot (-6) \cdot 0$$

$$= 84 + 60$$

$$= 144$$

(3)

$$\begin{vmatrix} -5 & 3 & 9 \\ 0 & 4 & -2 \\ 1 & 7 & 0 \end{vmatrix} = (-5) \cdot 4 \cdot 0 + 3 \cdot (-2) \cdot 1 + 9 \cdot 7 \cdot 0 - 9 \cdot 4 \cdot 1 - 3 \cdot 0 \cdot 0 - (-5) \cdot 7 \cdot (-2)$$

$$= -6 - 36 - 70$$

$$= -112 \quad \blacksquare$$

問題 1.4 次の行列式の値を求めよ.

(1) $\begin{vmatrix} 0 & 4 & 1 \\ 0 & 2 & 6 \\ 5 & 3 & 0 \end{vmatrix}$ (2) $\begin{vmatrix} 3 & -1 & 0 \\ -7 & 5 & 2 \\ 9 & 0 & -6 \end{vmatrix}$ (3) $\begin{vmatrix} 2 & -5 & 3 \\ -8 & 0 & 1 \\ 4 & 7 & -6 \end{vmatrix}$

解答

(1)

$$\begin{vmatrix} 0 & 4 & 1 \\ 0 & 2 & 6 \\ 5 & 3 & 0 \end{vmatrix} = 0 \cdot 2 \cdot 0 + 4 \cdot 6 \cdot 5 + 1 \cdot 3 \cdot 0 - 1 \cdot 2 \cdot 5 - 4 \cdot 0 \cdot 0 - 0 \cdot 3 \cdot 6$$

$$= 120 - 10$$

$$= 110$$

(2)

$$\begin{vmatrix} 3 & -1 & 0 \\ -7 & 5 & 2 \\ 9 & 0 & -6 \end{vmatrix}$$

$$= 3 \cdot 5 \cdot (-6) + (-1) \cdot 2 \cdot 9 + 0 \cdot 0 \cdot (-7) - 0 \cdot 5 \cdot 9 - (-1) \cdot (-7) \cdot (-6) - 3 \cdot 0 \cdot 2$$

$$= -90 - 18 + 42$$

$$= -66$$

(3)

$$\begin{vmatrix} 2 & -5 & 3 \\ -8 & 0 & 1 \\ 4 & 7 & -6 \end{vmatrix}$$

$$= 2 \cdot 0 \cdot (-6) + (-5) \cdot 1 \cdot 4 + 3 \cdot 7 \cdot (-8) - 3 \cdot 0 \cdot 4 - (-5) \cdot (-8) \cdot (-6) - 2 \cdot 7 \cdot 1$$

$$= -20 - 168 + 240 - 14$$

$$= 38 \quad \blacksquare$$

　2 次の時と同様に，3 次の行列式は 3 元連立 1 次方程式と関わっている．そこで，x_1, x_2, x_3 を未知数とする 3 元連立 1 次方程式

$$\begin{cases} a_{11}x_1 + a_{12}x_2 + a_{13}x_3 = d_1 \\ a_{21}x_1 + a_{22}x_2 + a_{23}x_3 = d_2 \\ a_{31}x_1 + a_{32}x_2 + a_{33}x_3 = d_3 \end{cases} \tag{1.2}$$

を考えよう．解を消去法で求めてみる．まず，(第 1 式)$\times a_{23}-$(第 2 式)$\times a_{13}$ と (第 1 式)$\times a_{33}-$(第 3 式)$\times a_{13}$ より，

$$\begin{cases} (a_{11}a_{23} - a_{21}a_{13})x_1 + (a_{12}a_{23} - a_{22}a_{13})x_2 = d_1 a_{23} - d_2 a_{13} \\ (a_{11}a_{33} - a_{31}a_{13})x_1 + (a_{12}a_{33} - a_{32}a_{13})x_2 = d_1 a_{33} - d_3 a_{13} \end{cases}$$

を得る．この方程式は 2 元連立 1 次方程式なので，前節と同様な方法で解くことができ，x_1 と x_2 を求めることができる．次に，求めた x_1 と x_2 を (1.2) の第 1 式（第 2 式や第 3 式でもよい）に代入して整理することで，x_3 も求めることができる．最終的に，

$$a_{11}a_{22}a_{33} + a_{12}a_{23}a_{31} + a_{13}a_{32}a_{21} - a_{13}a_{22}a_{31} - a_{12}a_{21}a_{33} - a_{11}a_{32}a_{23} \neq 0$$

のとき，

$$x_1 = \frac{d_1 a_{22} a_{33} + a_{12} a_{23} d_3 + a_{13} a_{32} d_2 - a_{13} a_{22} d_3 - a_{12} d_2 a_{33} - d_1 a_{32} a_{23}}{a_{11} a_{22} a_{33} + a_{12} a_{23} a_{31} + a_{13} a_{32} a_{21} - a_{13} a_{22} a_{31} - a_{12} a_{21} a_{33} - a_{11} a_{32} a_{23}} = \frac{\begin{vmatrix} d_1 & a_{12} & a_{13} \\ d_2 & a_{22} & a_{23} \\ d_3 & a_{32} & a_{33} \end{vmatrix}}{\begin{vmatrix} a_{11} & a_{12} & a_{13} \\ a_{21} & a_{22} & a_{23} \\ a_{31} & a_{32} & a_{33} \end{vmatrix}},$$

$$x_2 = \frac{a_{11} d_2 a_{33} + d_1 a_{23} a_{31} + a_{13} d_3 a_{21} - a_{13} d_2 a_{31} - d_1 a_{21} a_{33} - a_{11} d_3 a_{23}}{a_{11} a_{22} a_{33} + a_{12} a_{23} a_{31} + a_{13} a_{32} a_{21} - a_{13} a_{22} a_{31} - a_{12} a_{21} a_{33} - a_{11} a_{32} a_{23}} = \frac{\begin{vmatrix} a_{11} & d_1 & a_{13} \\ a_{21} & d_2 & a_{23} \\ a_{31} & d_3 & a_{33} \end{vmatrix}}{\begin{vmatrix} a_{11} & a_{12} & a_{13} \\ a_{21} & a_{22} & a_{23} \\ a_{31} & a_{32} & a_{33} \end{vmatrix}},$$

$$x_3 = \frac{a_{11} a_{22} d_3 + a_{12} d_2 a_{31} + d_1 a_{32} a_{21} - d_1 a_{22} a_{31} - a_{12} a_{21} d_3 - a_{11} a_{32} d_2}{a_{11} a_{22} a_{33} + a_{12} a_{23} a_{31} + a_{13} a_{32} a_{21} - a_{13} a_{22} a_{31} - a_{12} a_{21} a_{33} - a_{11} a_{32} a_{23}} = \frac{\begin{vmatrix} a_{11} & a_{12} & d_1 \\ a_{21} & a_{22} & d_2 \\ a_{31} & a_{32} & d_3 \end{vmatrix}}{\begin{vmatrix} a_{11} & a_{12} & a_{13} \\ a_{21} & a_{22} & a_{23} \\ a_{31} & a_{32} & a_{33} \end{vmatrix}}$$

となり，3 次の場合においても 2 次の時と同様，連立方程式の解は行列式を用いて表すことができる．

定理 1.4（3 元連立 1 次方程式のクラメルの公式）

$\begin{vmatrix} a_{11} & a_{12} & a_{13} \\ a_{21} & a_{22} & a_{23} \\ a_{31} & a_{32} & a_{33} \end{vmatrix} \neq 0$ のとき，x_1, x_2, x_3 を未知数とする 3 元連立 1 次方程式

$$\begin{cases} a_{11}x_1 + a_{12}x_2 + a_{13}x_3 = d_1 \\ a_{21}x_1 + a_{22}x_2 + a_{23}x_3 = d_2 \\ a_{31}x_1 + a_{32}x_2 + a_{33}x_3 = d_3 \end{cases}$$

の解はただ 1 つ存在し，

$$x_1 = \frac{\begin{vmatrix} d_1 & a_{12} & a_{13} \\ d_2 & a_{22} & a_{23} \\ d_3 & a_{32} & a_{33} \end{vmatrix}}{\begin{vmatrix} a_{11} & a_{12} & a_{13} \\ a_{21} & a_{22} & a_{23} \\ a_{31} & a_{32} & a_{33} \end{vmatrix}}, \quad x_2 = \frac{\begin{vmatrix} a_{11} & d_1 & a_{13} \\ a_{21} & d_2 & a_{23} \\ a_{31} & d_3 & a_{33} \end{vmatrix}}{\begin{vmatrix} a_{11} & a_{12} & a_{13} \\ a_{21} & a_{22} & a_{23} \\ a_{31} & a_{32} & a_{33} \end{vmatrix}}, \quad x_3 = \frac{\begin{vmatrix} a_{11} & a_{12} & d_1 \\ a_{21} & a_{22} & d_2 \\ a_{31} & a_{32} & d_3 \end{vmatrix}}{\begin{vmatrix} a_{11} & a_{12} & a_{13} \\ a_{21} & a_{22} & a_{23} \\ a_{31} & a_{32} & a_{33} \end{vmatrix}}$$

で与えられる．

例題 1.5　クラメルの公式を用いて次の連立 1 次方程式の解を求めよ．

$$\begin{cases} 3x_1 - 5x_2 = -1 \\ x_1 + x_3 = 4 \\ x_2 - 2x_3 = 0 \end{cases}$$

解答

$$\begin{vmatrix} 3 & -5 & 0 \\ 1 & 0 & 1 \\ 0 & 1 & -2 \end{vmatrix} = 3 \cdot 0 \cdot (-2) + (-5) \cdot 1 \cdot 0 + 0 \cdot 1 \cdot 1 - 0 \cdot 0 \cdot 0 - (-5) \cdot 1 \cdot (-2) - 3 \cdot 1 \cdot 1$$

$$= -13$$

$$\neq 0$$

なので，クラメルの公式を適用することができ，求める解は

$$x_1 = \frac{\begin{vmatrix} -1 & -5 & 0 \\ 4 & 0 & 1 \\ 0 & 1 & -2 \end{vmatrix}}{-13}, \quad x_2 = \frac{\begin{vmatrix} 3 & -1 & 0 \\ 1 & 4 & 1 \\ 0 & 0 & -2 \end{vmatrix}}{-13}, \quad x_3 = \frac{\begin{vmatrix} 3 & -5 & -1 \\ 1 & 0 & 4 \\ 0 & 1 & 0 \end{vmatrix}}{-13}$$

である．ここで，

$$\begin{vmatrix} -1 & -5 & 0 \\ 4 & 0 & 1 \\ 0 & 1 & -2 \end{vmatrix} = (-1)\cdot 0\cdot(-2) + (-5)\cdot 1\cdot 0 + 0\cdot 1\cdot 4 - 0\cdot 0\cdot 0 - (-5)\cdot 4\cdot(-2) - (-1)\cdot 1\cdot 1$$
$$= -39,$$

$$\begin{vmatrix} 3 & -1 & 0 \\ 1 & 4 & 1 \\ 0 & 0 & -2 \end{vmatrix} = 3\cdot 4\cdot(-2) + (-1)\cdot 1\cdot 0 + 0\cdot 0\cdot 1 - 0\cdot 4\cdot 0 - (-1)\cdot 1\cdot(-2) - 3\cdot 0\cdot 1$$
$$= -26,$$

$$\begin{vmatrix} 3 & -5 & -1 \\ 1 & 0 & 4 \\ 0 & 1 & 0 \end{vmatrix} = 3\cdot 0\cdot 0 + (-5)\cdot 4\cdot 0 + (-1)\cdot 1\cdot 1 - (-1)\cdot 0\cdot 0 - (-5)\cdot 1\cdot 0 - 3\cdot 1\cdot 4$$
$$= -13$$

である．以上から，求める解は

$$x_1 = 3, \qquad x_2 = 2, \qquad x_3 = 1$$

である． ∎

問題 1.5　クラメルの公式を用いて次の連立 1 次方程式の解を求めよ．

$$\begin{cases} -2x_1 + x_2 - x_3 = 3 \\ x_1 - 2x_2 = -7 \\ 3x_2 - x_3 = 1 \end{cases}$$

解答

$$\begin{vmatrix} -2 & 1 & -1 \\ 1 & -2 & 0 \\ 0 & 3 & -1 \end{vmatrix}$$
$$= (-2)\cdot(-2)\cdot(-1) + 1\cdot 0\cdot 0 + (-1)\cdot 3\cdot 1 - (-1)\cdot(-2)\cdot 0 - 1\cdot 1\cdot(-1) - (-2)\cdot 3\cdot 0$$
$$= -6$$
$$\neq 0$$

なので，クラメルの公式を適用することができ，求める解は

$$x_1 = \frac{\begin{vmatrix} 3 & 1 & -1 \\ -7 & -2 & 0 \\ 1 & 3 & -1 \end{vmatrix}}{-6}, \qquad x_2 = \frac{\begin{vmatrix} -2 & 3 & -1 \\ 1 & -7 & 0 \\ 0 & 1 & -1 \end{vmatrix}}{-6}, \qquad x_3 = \frac{\begin{vmatrix} -2 & 1 & 3 \\ 1 & -2 & -7 \\ 0 & 3 & 1 \end{vmatrix}}{-6}$$

である. ここで,

$$
\begin{vmatrix} 3 & 1 & -1 \\ -7 & -2 & 0 \\ 1 & 3 & -1 \end{vmatrix}
$$

$$
= \ 3 \cdot (-2) \cdot (-1) + 1 \cdot 0 \cdot 1 + (-1) \cdot 3 \cdot (-7) - (-1) \cdot (-2) \cdot 1 - 1 \cdot (-7) \cdot (-1) - 3 \cdot 3 \cdot 0
$$

$$
= \ 18,
$$

$$
\begin{vmatrix} -2 & 3 & -1 \\ 1 & -7 & 0 \\ 0 & 1 & -1 \end{vmatrix}
$$

$$
= \ (-2) \cdot (-7) \cdot (-1) + 3 \cdot 0 \cdot 0 + (-1) \cdot 1 \cdot 1 - (-1) \cdot (-7) \cdot 0 - 3 \cdot 1 \cdot (-1) - (-2) \cdot 1 \cdot 0
$$

$$
= \ -12,
$$

$$
\begin{vmatrix} -2 & 1 & 3 \\ 1 & -2 & -7 \\ 0 & 3 & 1 \end{vmatrix}
$$

$$
= \ (-2) \cdot (-2) \cdot 1 + 1 \cdot (-7) \cdot 0 + 3 \cdot 3 \cdot 1 - 3 \cdot (-2) \cdot 0 - 1 \cdot 1 \cdot 1 - (-2) \cdot 3 \cdot (-7)
$$

$$
= \ -30
$$

である. 以上から, 求める解は

$$
x_1 = -3, \qquad x_2 = 2, \qquad x_3 = 5
$$

である.   ■

　次に, 3次の行列式の性質について述べる. ただし, 記述が長くなりすぎるのを避けるために, 列ベクトルを用いた表現のみ記しておく. また, 定理1.5の証明は省略するが, 第2章で一般の場合（n次の行列式）について証明する（(4) は除く）ので, 必要に応じて参照してほしい.

定理 1.5（3次の行列式の性質の列ベクトルを用いた表現）

任意の3次列ベクトル $a_1, b_1, a_2, b_2, a_3, b_3, a$ と任意の実数 c 及び $e_1 = \begin{bmatrix} 1 \\ 0 \\ 0 \end{bmatrix}, e_2 = \begin{bmatrix} 0 \\ 1 \\ 0 \end{bmatrix}, e_3 = \begin{bmatrix} 0 \\ 0 \\ 1 \end{bmatrix}$

に対して以下が成り立つ.

(1) 列に関する多重線形性

$$|a_1 + b_1,\ a_2,\ a_3| = |a_1,\ a_2,\ a_3| + |b_1,\ a_2,\ a_3|, \qquad |ca_1,\ a_2,\ a_3| = c|a_1,\ a_2,\ a_3|,$$
$$|a_1,\ a_2 + b_2,\ a_3| = |a_1,\ a_2,\ a_3| + |a_1,\ b_2,\ a_3|, \qquad |a_1,\ ca_2,\ a_3| = c|a_1,\ a_2,\ a_3|,$$
$$|a_1,\ a_2,\ a_3 + b_3| = |a_1,\ a_2,\ a_3| + |a_1,\ a_2,\ b_3|, \qquad |a_1,\ a_2,\ ca_3| = c|a_1,\ a_2,\ a_3|$$

(2) 列に関する交代性

$$|a_1,\ a_3,\ a_2| = -|a_1,\ a_2,\ a_3|,$$
$$|a_2,\ a_1,\ a_3| = -|a_1,\ a_2,\ a_3|,$$
$$|a_3,\ a_2,\ a_1| = -|a_1,\ a_2,\ a_3|$$

(3) 2つの列が等しいときの行列式の値

$$|a_1,\ a,\ a| = |a,\ a_2,\ a| = |a,\ a,\ a_3| = 0$$

(4) 単位行列の行列式の値

$$|e_1,\ e_2,\ e_3| = 1$$

注意　定理 1.5 で述べた性質を列ベクトルを用いずに書くと，例えば，

$$|a_1 + b_1,\ a_2,\ a_3| = |a_1,\ a_2,\ a_3| + |b_1,\ a_2,\ a_3|$$

と

$$|ca_1,\ a_2,\ a_3| = c|a_1,\ a_2,\ a_3|$$

は，それぞれ

$$\begin{vmatrix} a_{11} + b_{11} & a_{12} & a_{13} \\ a_{21} + b_{21} & a_{22} & a_{23} \\ a_{31} + b_{31} & a_{32} & a_{33} \end{vmatrix} = \begin{vmatrix} a_{11} & a_{12} & a_{13} \\ a_{21} & a_{22} & a_{23} \\ a_{31} & a_{32} & a_{33} \end{vmatrix} + \begin{vmatrix} b_{11} & a_{12} & a_{13} \\ b_{21} & a_{22} & a_{23} \\ b_{31} & a_{32} & a_{33} \end{vmatrix}$$

と

$$\begin{vmatrix} ca_{11} & a_{12} & a_{13} \\ ca_{21} & a_{22} & a_{23} \\ ca_{31} & a_{32} & a_{33} \end{vmatrix} = c \begin{vmatrix} a_{11} & a_{12} & a_{13} \\ a_{21} & a_{22} & a_{23} \\ a_{31} & a_{32} & a_{33} \end{vmatrix}$$

が成り立つことを意味している.

例　3次の行列式の値を求めるときに定理 1.5 を用いることはそれほど多くないが，ここでは，定理 1.5 を用いて計算してみよう．

$$
\begin{vmatrix} 6 & 9 & 7 \\ 9 & 4 & 1 \\ 3 & 6 & 5 \end{vmatrix} = \begin{vmatrix} 3\cdot 2 & 9 & 7 \\ 3\cdot 3 & 4 & 1 \\ 3\cdot 1 & 6 & 5 \end{vmatrix} \overset{\text{定理 1.5 の (1)}}{=} 3\begin{vmatrix} 2 & 9 & 7 \\ 3 & 4 & 1 \\ 1 & 6 & 5 \end{vmatrix}
$$

$$
= 3\begin{vmatrix} 2 & 2+7 & 7 \\ 3 & 3+1 & 1 \\ 1 & 1+5 & 5 \end{vmatrix}
$$

$$
\overset{\text{定理 1.5 の (1)}}{=} 3\left(\begin{vmatrix} 2 & 2 & 7 \\ 3 & 3 & 1 \\ 1 & 1 & 5 \end{vmatrix} + \begin{vmatrix} 2 & 7 & 7 \\ 3 & 1 & 1 \\ 1 & 5 & 5 \end{vmatrix} \right)
$$

$$
\overset{\text{定理 1.5 の (3)}}{=} 3\cdot(0+0)
$$

$$
= 0
$$

である．ちなみに，サラスの方法を用いると，

$$
\begin{vmatrix} 6 & 9 & 7 \\ 9 & 4 & 1 \\ 3 & 6 & 5 \end{vmatrix} = 6\cdot 4\cdot 5 + 9\cdot 1\cdot 3 + 7\cdot 6\cdot 9 - 7\cdot 4\cdot 3 - 9\cdot 9\cdot 5 - 6\cdot 6\cdot 1 = 0
$$

となる．　■

1−3．補足

実数の積は可換（任意の実数 x, y に対して $xy = yx$ が成り立つ）なので，2次の行列式は，

$$
\begin{vmatrix} a_{11} & a_{12} \\ a_{21} & a_{22} \end{vmatrix} = a_{11}a_{22} - a_{12}a_{21} \tag{1.3}
$$

の代わりに

$$
\begin{vmatrix} a_{11} & a_{12} \\ a_{21} & a_{22} \end{vmatrix} = a_{11}a_{22} - a_{21}a_{12} \tag{1.4}
$$

と書くことができる．同様に，3次の行列式は，

$$
\begin{vmatrix} a_{11} & a_{12} & a_{13} \\ a_{21} & a_{22} & a_{23} \\ a_{31} & a_{32} & a_{33} \end{vmatrix} = a_{11}a_{22}a_{33} + a_{12}a_{23}a_{31} + a_{13}a_{32}a_{21} - a_{13}a_{22}a_{31} - a_{12}a_{21}a_{33} - a_{11}a_{32}a_{23} \tag{1.5}
$$

の代わりに

$$
\begin{vmatrix} a_{11} & a_{12} & a_{13} \\ a_{21} & a_{22} & a_{23} \\ a_{31} & a_{32} & a_{33} \end{vmatrix} = a_{11}a_{22}a_{33} - a_{11}a_{32}a_{23} - a_{21}a_{12}a_{33} + a_{21}a_{32}a_{13} + a_{31}a_{12}a_{23} - a_{31}a_{22}a_{13} \tag{1.6}
$$

と書くことができる. このように書き換えた理由は, (1.4) や (1.6) のように書いた方が, 以下で述べる定理 1.6 や定理 1.7 を理解しやすくなるからである. さらに, 第 2 章で述べる n 次の行列式の定義 (定義 2.2) も, (1.4) や (1.6) のように書いておくことで理解しやすくなるからである (他方, (1.3) や (1.5) はサラスの方法を意識した書き方である).

さて, 定理 1.3 や定理 1.5 において 2 次や 3 次の行列式の性質を述べたが, 実は, 定理 1.3 や定理 1.5 で述べた性質を持っているのは行列式以外に存在しないことが証明できる (すなわち, 定理 1.3 や定理 1.5 において述べた性質は, 行列式というものを特徴づける性質なのである). 具体的には, 以下の定理 1.6 及び定理 1.7 が成り立つ.

定理 1.6

f は 2 つの 2 次列ベクトルに実数を対応させる関数であるとする. すなわち, 任意の 2 次列ベクトル $\boldsymbol{x}_1$, $\boldsymbol{x}_2$ に対して, 実数値 $f(\boldsymbol{x}_1, \boldsymbol{x}_2)$ が定まるものとする. さらに, 任意の 2 次列ベクトル $\boldsymbol{x}_1, \boldsymbol{y}_1, \boldsymbol{x}_2, \boldsymbol{y}_2$, $\boldsymbol{x}$ と任意の実数 c 及び $\boldsymbol{e}_1 = \begin{bmatrix} 1 \\ 0 \end{bmatrix}$, $\boldsymbol{e}_2 = \begin{bmatrix} 0 \\ 1 \end{bmatrix}$ に対して

$$f(\boldsymbol{x}_1 + \boldsymbol{y}_1, \boldsymbol{x}_2) = f(\boldsymbol{x}_1, \boldsymbol{x}_2) + f(\boldsymbol{y}_1, \boldsymbol{x}_2), \qquad f(c\boldsymbol{x}_1, \boldsymbol{x}_2) = cf(\boldsymbol{x}_1, \boldsymbol{x}_2),$$
$$f(\boldsymbol{x}_1, \boldsymbol{x}_2 + \boldsymbol{y}_2) = f(\boldsymbol{x}_1, \boldsymbol{x}_2) + f(\boldsymbol{x}_1, \boldsymbol{y}_2), \qquad f(\boldsymbol{x}_1, c\boldsymbol{x}_2) = cf(\boldsymbol{x}_1, \boldsymbol{x}_2),$$
$$f(\boldsymbol{x}_2, \boldsymbol{x}_1) = -f(\boldsymbol{x}_1, \boldsymbol{x}_2), \qquad f(\boldsymbol{x}, \boldsymbol{x}) = 0, \qquad f(\boldsymbol{e}_1, \boldsymbol{e}_2) = 1$$

が成り立つことを仮定する. このとき, 任意の 2 次列ベクトル $\boldsymbol{a}_1, \boldsymbol{a}_2$ に対して

$$f(\boldsymbol{a}_1, \boldsymbol{a}_2) = |\boldsymbol{a}_1, \boldsymbol{a}_2|$$

が成り立つ. すなわち, 任意の $\boldsymbol{a}_1 = \begin{bmatrix} a_{11} \\ a_{21} \end{bmatrix}$, $\boldsymbol{a}_2 = \begin{bmatrix} a_{12} \\ a_{22} \end{bmatrix}$ に対して

$$f(\boldsymbol{a}_1, \boldsymbol{a}_2) = a_{11}a_{22} - a_{21}a_{12}$$

が成り立つ.

証明. まず, 任意の $\boldsymbol{a}_1 = \begin{bmatrix} a_{11} \\ a_{21} \end{bmatrix}$, $\boldsymbol{a}_2 = \begin{bmatrix} a_{12} \\ a_{22} \end{bmatrix}$ に対して

$$\boldsymbol{a}_1 = a_{11} \begin{bmatrix} 1 \\ 0 \end{bmatrix} + a_{21} \begin{bmatrix} 0 \\ 1 \end{bmatrix} = a_{11}\boldsymbol{e}_1 + a_{21}\boldsymbol{e}_2, \quad \boldsymbol{a}_2 = a_{12} \begin{bmatrix} 1 \\ 0 \end{bmatrix} + a_{22} \begin{bmatrix} 0 \\ 1 \end{bmatrix} = a_{12}\boldsymbol{e}_1 + a_{22}\boldsymbol{e}_2$$

と表せることに注意する. また, 仮定より

$$f(\boldsymbol{e}_2, \boldsymbol{e}_1) = -f(\boldsymbol{e}_1, \boldsymbol{e}_2) = -1, \qquad f(\boldsymbol{e}_1, \boldsymbol{e}_1) = f(\boldsymbol{e}_2, \boldsymbol{e}_2) = 0$$

が成り立つことにも注意することで,

$$f(\boldsymbol{a}_1, \boldsymbol{a}_2) = f(a_{11}\boldsymbol{e}_1 + a_{21}\boldsymbol{e}_2, \boldsymbol{a}_2)$$

$$= f(a_{11}\boldsymbol{e}_1,\ \boldsymbol{a}_2) + f(a_{21}\boldsymbol{e}_2,\ \boldsymbol{a}_2)$$

$$= a_{11}f(\boldsymbol{e}_1,\ \boldsymbol{a}_2) + a_{21}f(\boldsymbol{e}_2,\ \boldsymbol{a}_2)$$

$$= a_{11}f(\boldsymbol{e}_1,\ a_{12}\boldsymbol{e}_1 + a_{22}\boldsymbol{e}_2) + a_{21}f(\boldsymbol{e}_2,\ a_{12}\boldsymbol{e}_1 + a_{22}\boldsymbol{e}_2)$$

$$= a_{11}\{f(\boldsymbol{e}_1,\ a_{12}\boldsymbol{e}_1) + f(\boldsymbol{e}_1,\ a_{22}\boldsymbol{e}_2)\} + a_{21}\{f(\boldsymbol{e}_2,\ a_{12}\boldsymbol{e}_1) + f(\boldsymbol{e}_2,\ a_{22}\boldsymbol{e}_2)\}$$

$$= a_{11}\{a_{12}f(\boldsymbol{e}_1,\ \boldsymbol{e}_1) + a_{22}f(\boldsymbol{e}_1,\ \boldsymbol{e}_2)\} + a_{21}\{a_{12}f(\boldsymbol{e}_2,\ \boldsymbol{e}_1) + a_{22}f(\boldsymbol{e}_2,\ \boldsymbol{e}_2)\}$$

$$= a_{11}a_{12}f(\boldsymbol{e}_1,\ \boldsymbol{e}_1) + a_{11}a_{22}f(\boldsymbol{e}_1,\ \boldsymbol{e}_2) + a_{21}a_{12}f(\boldsymbol{e}_2,\ \boldsymbol{e}_1) + a_{21}a_{22}f(\boldsymbol{e}_2,\ \boldsymbol{e}_2)$$

$$= a_{11}a_{22} - a_{21}a_{12}$$

となり，結論を得る．　□

（注意）　実は，定理 1.6 において，$f(\boldsymbol{x}_2,\ \boldsymbol{x}_1) = -f(\boldsymbol{x}_1,\ \boldsymbol{x}_2)$ と $f(\boldsymbol{x},\ \boldsymbol{x}) = 0$ は同値なので，片方だけ仮定しておけば十分である．実際，任意の 2 次列ベクトル $\boldsymbol{x}_1,\ \boldsymbol{x}_2$ に対して

$$f(\boldsymbol{x}_2,\ \boldsymbol{x}_1) = -f(\boldsymbol{x}_1,\ \boldsymbol{x}_2)$$

が成り立つことを仮定すると，任意の 2 次列ベクトル $\boldsymbol{x}$ に対して（上式で $\boldsymbol{x}_1 = \boldsymbol{x}_2 = \boldsymbol{x}$ とすることで）

$$f(\boldsymbol{x},\ \boldsymbol{x}) = -f(\boldsymbol{x},\ \boldsymbol{x})$$

が成り立つ．よって，$2f(\boldsymbol{x},\ \boldsymbol{x}) = 0$ であり，従って，

$$f(\boldsymbol{x},\ \boldsymbol{x}) = 0$$

が任意の 2 次列ベクトル $\boldsymbol{x}$ に対して成り立つ．逆に，任意の 2 次列ベクトル $\boldsymbol{x}$ に対して

$$f(\boldsymbol{x},\ \boldsymbol{x}) = 0$$

が成り立つことを仮定すると，任意の 2 次列ベクトル $\boldsymbol{x}_1,\ \boldsymbol{x}_2$ に対して

$$f(\boldsymbol{x}_1 + \boldsymbol{x}_2,\ \boldsymbol{x}_1 + \boldsymbol{x}_2) = 0$$

が成り立つ．一方，多重線形性を用いることで

$$f(\boldsymbol{x}_1 + \boldsymbol{x}_2,\ \boldsymbol{x}_1 + \boldsymbol{x}_2) = f(\boldsymbol{x}_1,\ \boldsymbol{x}_1 + \boldsymbol{x}_2) + f(\boldsymbol{x}_2,\ \boldsymbol{x}_1 + \boldsymbol{x}_2)$$

$$= f(\boldsymbol{x}_1,\ \boldsymbol{x}_1) + f(\boldsymbol{x}_1,\ \boldsymbol{x}_2) + f(\boldsymbol{x}_2,\ \boldsymbol{x}_1) + f(\boldsymbol{x}_2,\ \boldsymbol{x}_2)$$

$$= f(\boldsymbol{x}_1,\ \boldsymbol{x}_2) + f(\boldsymbol{x}_2,\ \boldsymbol{x}_1)$$

も成り立つ．よって，

$$f(\boldsymbol{x}_1,\ \boldsymbol{x}_2) + f(\boldsymbol{x}_2,\ \boldsymbol{x}_1) = 0$$

であり，従って，

$$f(\boldsymbol{x}_2,\,\boldsymbol{x}_1) = -f(\boldsymbol{x}_1,\,\boldsymbol{x}_2)$$

が任意の 2 次列ベクトル $\boldsymbol{x}_1$, $\boldsymbol{x}_2$ に対して成り立つ.

定理 1.7

f は 3 つの 3 次列ベクトルに実数を対応させる関数であるとする．すなわち，任意の 3 次列ベクトル $\boldsymbol{x}_1$, $\boldsymbol{x}_2$, $\boldsymbol{x}_3$ に対して，実数値 $f(\boldsymbol{x}_1,\,\boldsymbol{x}_2,\,\boldsymbol{x}_3)$ が定まるものとする．さらに，任意の 3 次列ベクトル $\boldsymbol{x}_1$, $\boldsymbol{y}_1$, $\boldsymbol{x}_2$, $\boldsymbol{y}_2$, $\boldsymbol{x}_3$, $\boldsymbol{y}_3$, $\boldsymbol{x}$ と任意の実数 c 及び $\boldsymbol{e}_1 = \begin{bmatrix} 1 \\ 0 \\ 0 \end{bmatrix}$, $\boldsymbol{e}_2 = \begin{bmatrix} 0 \\ 1 \\ 0 \end{bmatrix}$, $\boldsymbol{e}_3 = \begin{bmatrix} 0 \\ 0 \\ 1 \end{bmatrix}$ に対して

$$f(\boldsymbol{x}_1 + \boldsymbol{y}_1,\,\boldsymbol{x}_2,\,\boldsymbol{x}_3) = f(\boldsymbol{x}_1,\,\boldsymbol{x}_2,\,\boldsymbol{x}_3) + f(\boldsymbol{y}_1,\,\boldsymbol{x}_2,\,\boldsymbol{x}_3), \qquad f(c\boldsymbol{x}_1,\,\boldsymbol{x}_2,\,\boldsymbol{x}_3) = cf(\boldsymbol{x}_1,\,\boldsymbol{x}_2,\,\boldsymbol{x}_3),$$

$$f(\boldsymbol{x}_1,\,\boldsymbol{x}_2 + \boldsymbol{y}_2,\,\boldsymbol{x}_3) = f(\boldsymbol{x}_1,\,\boldsymbol{x}_2,\,\boldsymbol{x}_3) + f(\boldsymbol{x}_1,\,\boldsymbol{y}_2,\,\boldsymbol{x}_3), \qquad f(\boldsymbol{x}_1,\,c\boldsymbol{x}_2,\,\boldsymbol{x}_3) = cf(\boldsymbol{x}_1,\,\boldsymbol{x}_2,\,\boldsymbol{x}_3),$$

$$f(\boldsymbol{x}_1,\,\boldsymbol{x}_2,\,\boldsymbol{x}_3 + \boldsymbol{y}_3) = f(\boldsymbol{x}_1,\,\boldsymbol{x}_2,\,\boldsymbol{x}_3) + f(\boldsymbol{x}_1,\,\boldsymbol{x}_2,\,\boldsymbol{y}_3), \qquad f(\boldsymbol{x}_1,\,\boldsymbol{x}_2,\,c\boldsymbol{x}_3) = cf(\boldsymbol{x}_1,\,\boldsymbol{x}_2,\,\boldsymbol{x}_3),$$

$$f(\boldsymbol{x}_1,\,\boldsymbol{x}_3,\,\boldsymbol{x}_2) = -f(\boldsymbol{x}_1,\,\boldsymbol{x}_2,\,\boldsymbol{x}_3),$$

$$f(\boldsymbol{x}_2,\,\boldsymbol{x}_1,\,\boldsymbol{x}_3) = -f(\boldsymbol{x}_1,\,\boldsymbol{x}_2,\,\boldsymbol{x}_3),$$

$$f(\boldsymbol{x}_3,\,\boldsymbol{x}_2,\,\boldsymbol{x}_1) = -f(\boldsymbol{x}_1,\,\boldsymbol{x}_2,\,\boldsymbol{x}_3),$$

$$f(\boldsymbol{x}_1,\,\boldsymbol{x},\,\boldsymbol{x}) = f(\boldsymbol{x},\,\boldsymbol{x}_2,\,\boldsymbol{x}) = f(\boldsymbol{x},\,\boldsymbol{x},\,\boldsymbol{x}_3) = 0,$$

$$f(\boldsymbol{e}_1,\,\boldsymbol{e}_2,\,\boldsymbol{e}_3) = 1$$

が成り立つことを仮定する．このとき，任意の 3 次列ベクトル $\boldsymbol{a}_1$, $\boldsymbol{a}_2$, $\boldsymbol{a}_3$ に対して

$$f(\boldsymbol{a}_1,\,\boldsymbol{a}_2,\,\boldsymbol{a}_3) = |\boldsymbol{a}_1,\,\boldsymbol{a}_2,\,\boldsymbol{a}_3|$$

が成り立つ．すなわち，任意の $\boldsymbol{a}_1 = \begin{bmatrix} a_{11} \\ a_{21} \\ a_{31} \end{bmatrix}$, $\boldsymbol{a}_2 = \begin{bmatrix} a_{12} \\ a_{22} \\ a_{32} \end{bmatrix}$, $\boldsymbol{a}_3 = \begin{bmatrix} a_{13} \\ a_{23} \\ a_{33} \end{bmatrix}$ に対して

$$f(\boldsymbol{a}_1,\,\boldsymbol{a}_2,\,\boldsymbol{a}_3) = a_{11}a_{22}a_{33} - a_{11}a_{32}a_{23} - a_{21}a_{12}a_{33} + a_{21}a_{32}a_{13} + a_{31}a_{12}a_{23} - a_{31}a_{22}a_{13}$$

が成り立つ.

証明.　まず，任意の

$$\boldsymbol{a}_1 = \begin{bmatrix} a_{11} \\ a_{21} \\ a_{31} \end{bmatrix}, \qquad \boldsymbol{a}_2 = \begin{bmatrix} a_{12} \\ a_{22} \\ a_{32} \end{bmatrix}, \qquad \boldsymbol{a}_3 = \begin{bmatrix} a_{13} \\ a_{23} \\ a_{33} \end{bmatrix}$$

に対して

$$\boldsymbol{a}_1 = a_{11}\begin{bmatrix} 1 \\ 0 \\ 0 \end{bmatrix} + a_{21}\begin{bmatrix} 0 \\ 1 \\ 0 \end{bmatrix} + a_{31}\begin{bmatrix} 0 \\ 0 \\ 1 \end{bmatrix} = a_{11}\boldsymbol{e_1} + a_{21}\boldsymbol{e_2} + a_{31}\boldsymbol{e_3} = \sum_{i=1}^{3} a_{i1}\boldsymbol{e_i},$$

$$\boldsymbol{a}_2 = a_{12}\begin{bmatrix}1\\0\\0\end{bmatrix} + a_{22}\begin{bmatrix}0\\1\\0\end{bmatrix} + a_{32}\begin{bmatrix}0\\0\\1\end{bmatrix} = a_{12}\boldsymbol{e_1} + a_{22}\boldsymbol{e_2} + a_{32}\boldsymbol{e_3} = \sum_{j=1}^{3} a_{j2}\boldsymbol{e}_j,$$

$$\boldsymbol{a}_3 = a_{13}\begin{bmatrix}1\\0\\0\end{bmatrix} + a_{23}\begin{bmatrix}0\\1\\0\end{bmatrix} + a_{33}\begin{bmatrix}0\\0\\1\end{bmatrix} = a_{13}\boldsymbol{e_1} + a_{23}\boldsymbol{e_2} + a_{33}\boldsymbol{e_3} = \sum_{k=1}^{3} a_{k3}\boldsymbol{e}_k$$

と表せることに注意する．このとき，

$$
\begin{aligned}
f(\boldsymbol{a}_1,\, \boldsymbol{a}_2,\, \boldsymbol{a}_3) &= f\left(a_{11}\boldsymbol{e}_1 + a_{21}\boldsymbol{e}_2 + a_{31}\boldsymbol{e}_3,\, \boldsymbol{a}_2,\, \boldsymbol{a}_3\right)\\
&= f\left(a_{11}\boldsymbol{e}_1,\, \boldsymbol{a}_2,\, \boldsymbol{a}_3\right) + f\left(a_{21}\boldsymbol{e}_2 + a_{31}\boldsymbol{e}_3,\, \boldsymbol{a}_2,\, \boldsymbol{a}_3\right)\\
&= f\left(a_{11}\boldsymbol{e}_1,\, \boldsymbol{a}_2,\, \boldsymbol{a}_3\right) + f\left(a_{21}\boldsymbol{e}_2,\, \boldsymbol{a}_2,\, \boldsymbol{a}_3\right) + f\left(a_{31}\boldsymbol{e}_3,\, \boldsymbol{a}_2,\, \boldsymbol{a}_3\right)\\
&= a_{11}f\left(\boldsymbol{e}_1,\, \boldsymbol{a}_2,\, \boldsymbol{a}_3\right) + a_{21}f\left(\boldsymbol{e}_2,\, \boldsymbol{a}_2,\, \boldsymbol{a}_3\right) + a_{31}f\left(\boldsymbol{e}_3,\, \boldsymbol{a}_2,\, \boldsymbol{a}_3\right)
\end{aligned}
$$

となる．すなわち，Σ を用いて書くと，

$$f(\boldsymbol{a}_1,\, \boldsymbol{a}_2,\, \boldsymbol{a}_3) = f\left(\sum_{i=1}^{3} a_{i1}e_i,\, \boldsymbol{a}_2,\, \boldsymbol{a}_3\right) = \sum_{i=1}^{3} a_{i1}f\left(\boldsymbol{e}_i,\, \boldsymbol{a}_2,\, \boldsymbol{a}_3\right) \tag{1.7}$$

となる．同様にして

$$f(\boldsymbol{e}_i,\, \boldsymbol{a}_2,\, \boldsymbol{a}_3) = f\left(\boldsymbol{e}_i,\, \sum_{j=1}^{3} a_{j2}e_j,\, \boldsymbol{a_3}\right) = \sum_{j=1}^{3} a_{j2}f\left(\boldsymbol{e}_i,\, \boldsymbol{e}_j,\, \boldsymbol{a}_3\right) \tag{1.8}$$

であり，さらに，同様にして

$$f(\boldsymbol{e}_i,\, \boldsymbol{e}_j,\, \boldsymbol{a}_3) = f\left(\boldsymbol{e}_i,\, \boldsymbol{e}_j,\, \sum_{k=1}^{3} a_{k3}e_k\right) = \sum_{k=1}^{3} a_{k3}f\left(\boldsymbol{e}_i,\, \boldsymbol{e}_j,\, \boldsymbol{e}_k\right) \tag{1.9}$$

となる．よって，(1.7)〜(1.9) より，

$$f(\boldsymbol{a}_1,\, \boldsymbol{a}_2,\, \boldsymbol{a}_3) = \sum_{i=1}^{3} a_{i1} \sum_{j=1}^{3} a_{j2} \sum_{k=1}^{3} a_{k3} f\left(\boldsymbol{e}_i,\, \boldsymbol{e}_j,\, \boldsymbol{e}_k\right) = \sum_{i=1}^{3}\sum_{j=1}^{3}\sum_{k=1}^{3} a_{i1}a_{j2}a_{k3} f\left(\boldsymbol{e}_i,\, \boldsymbol{e}_j,\, \boldsymbol{e}_k\right) \tag{1.10}$$

となる．ここで，任意の 3 次列ベクトル $\boldsymbol{x}_1, \boldsymbol{x}_2, \boldsymbol{x}_3, \boldsymbol{x}$ に対して

$$f(\boldsymbol{x}_1,\, \boldsymbol{x},\, \boldsymbol{x}) = f(\boldsymbol{x},\, \boldsymbol{x}_2,\, \boldsymbol{x}) = f(\boldsymbol{x},\, \boldsymbol{x},\, \boldsymbol{x}_3) = 0$$

であるという仮定から，i, j, k の中に同じ数字がある場合は，$f(\boldsymbol{e}_i,\, \boldsymbol{e}_j,\, \boldsymbol{e}_k) = 0$ となる．よって，(1.10) において，i, j, k がすべて異なる場合だけが残るので，

$$
\begin{aligned}
f(\boldsymbol{a}_1,\, \boldsymbol{a}_2,\, \boldsymbol{a}_3) =\,& a_{11}a_{22}a_{33}f\left(\boldsymbol{e}_1,\, \boldsymbol{e}_2,\, \boldsymbol{e}_3\right) + a_{11}a_{32}a_{23}f\left(\boldsymbol{e}_1,\, \boldsymbol{e}_3,\, \boldsymbol{e}_2\right) + a_{21}a_{12}a_{33}f\left(\boldsymbol{e}_2,\, \boldsymbol{e}_1,\, \boldsymbol{e}_3\right)\\
&+ a_{21}a_{32}a_{13}f\left(\boldsymbol{e}_2,\, \boldsymbol{e}_3,\, \boldsymbol{e}_1\right) + a_{31}a_{12}a_{23}f\left(\boldsymbol{e}_3,\, \boldsymbol{e}_1,\, \boldsymbol{e}_2\right) + a_{31}a_{22}a_{13}f\left(\boldsymbol{e}_3,\, \boldsymbol{e}_2,\, \boldsymbol{e}_1\right)
\end{aligned}
$$

となる．さらに，仮定から

$$f(\boldsymbol{e}_1,\, \boldsymbol{e}_3,\, \boldsymbol{e}_2) = f(\boldsymbol{e}_2,\, \boldsymbol{e}_1,\, \boldsymbol{e}_3) = f(\boldsymbol{e}_3,\, \boldsymbol{e}_2,\, \boldsymbol{e}_1) = -f(\boldsymbol{e}_1,\, \boldsymbol{e}_2,\, \boldsymbol{e}_3) = -1,$$

$$f(\boldsymbol{e}_2,\, \boldsymbol{e}_3,\, \boldsymbol{e}_1) = -f(\boldsymbol{e}_2,\, \boldsymbol{e}_1,\, \boldsymbol{e}_3) = -\{-f(\boldsymbol{e}_1,\, \boldsymbol{e}_2,\, \boldsymbol{e}_3)\} = f(\boldsymbol{e}_1,\, \boldsymbol{e}_2,\, \boldsymbol{e}_3) = 1,$$

$$f(\boldsymbol{e}_3,\, \boldsymbol{e}_1,\, \boldsymbol{e}_2) = -f(\boldsymbol{e}_2,\, \boldsymbol{e}_1,\, \boldsymbol{e}_3) = -\{-f(\boldsymbol{e}_1,\, \boldsymbol{e}_2,\, \boldsymbol{e}_3)\} = f(\boldsymbol{e}_1,\, \boldsymbol{e}_2,\, \boldsymbol{e}_3) = 1$$

なので，結局，

$$f(\boldsymbol{a}_1,\, \boldsymbol{a}_2,\, \boldsymbol{a}_3) = a_{11}a_{22}a_{33} - a_{11}a_{32}a_{23} - a_{21}a_{12}a_{33} + a_{21}a_{32}a_{13} + a_{31}a_{12}a_{23} - a_{31}a_{22}a_{13}$$

となり，結論を得る．　□

(注意)　3次の行列式は6つの項で構成されていて，各項は $+a_{i1}a_{j2}a_{k3}$ または $-a_{i1}a_{j2}a_{k3}$ という形の式になっているが，行列式の定義を見ただけでは，$a_{i1}a_{j2}a_{k3}$ の前の符号がいつ $+$ でいつ $-$ なのかはよくわからない．しかし，定理 1.7 の証明を読んでみれば，出発点の $(i, j, k) = (1, 2, 3)$ のときの符号が $+$（すなわち，$a_{11}a_{22}a_{33}$ の前の符号が $+$）で，そこから 2 つの数字の位置を交換するごとに符号が変化していく（例えば，1 と 2 の位置を交換して得られる $a_{21}a_{12}a_{33}$ の前の符号は $-$ になる）様子が理解できるであろう（2次の行列式についても同様である）．そして，2次や3次の行列式の各項の前の符号がどのようにして決まっているかを理解できれば，第2章で述べる n 次の行列式の定義（定義 2.2）も違和感なく受け入れられるであろう．

第2章　n次の行列式

第1章で2次と3次の行列式を定義したが，この章では，n次の行列式（n次正方行列に対する行列式）の定義を与える．また，行列式に関する様々な性質を述べるとともに，行列式の値を計算する方法についても紹介する．特に，余因子展開（定理2.15）を使いこなせるようにしてほしい．

2−1．n次の行列式の定義

まず，いくつかの用語や記号の説明をする．1からnまでのn個の自然数を1回ずつ用いて横に並べて ( )でくくったものを**長さnの順列**（または単に**順列**）と呼び，長さnの順列全体の集合をS_nという記号で表す．相異なるn個のものを並べる並べ方は$n!$通りあるので，S_nは$n!$個の元で構成される集合である．例えば，

$$S_2 = \{(1\ 2),\ (2\ 1)\}, \qquad S_3 = \{(1\ 2\ 3),\ (1\ 3\ 2),\ (2\ 1\ 3),\ (2\ 3\ 1),\ (3\ 1\ 2),\ (3\ 2\ 1)\}$$

である．長さnの順列の**符号**というものを次のようにして定義する．

定義 2.1

$(i_1\ i_2\ \cdots\ i_n) \in S_n$ の符号 $\mathrm{sgn}(i_1\ i_2\ \cdots\ i_n)$ を以下のようにして定める．

(1) 1からnまでのn個の自然数を小さい順に並べた順列 $(1\ 2\ \cdots\ n) \in S_n$ から出発して，2つの数字の位置を交換する作業を**偶数回**繰り返して $(i_1\ i_2\ \cdots\ i_n)$ が得られるとき，$\mathrm{sgn}(i_1\ i_2\ \cdots\ i_n) = 1$ と定義する．

(2) 1からnまでのn個の自然数を小さい順に並べた順列 $(1\ 2\ \cdots\ n) \in S_n$ から出発して，2つの数字の位置を交換する作業を**奇数回**繰り返して $(i_1\ i_2\ \cdots\ i_n)$ が得られるとき，$\mathrm{sgn}(i_1\ i_2\ \cdots\ i_n) = -1$ と定義する．

例　順列の符号について理解を深めるために，いくつかの順列を例に挙げてその符号を求めてみよう．まず，$\mathrm{sgn}(2\ 4\ 3\ 1) = 1$である．実際，

$$(1\ 2\ 3\ 4) \longrightarrow (2\ 1\ 3\ 4) \longrightarrow (2\ 4\ 3\ 1)$$

のように，2回（従って，偶数回）の作業で $(2\ 4\ 3\ 1)$ が得られる．なお，上記の他にも

$$(1\ 2\ 3\ 4) \longrightarrow (4\ 2\ 3\ 1) \longrightarrow (2\ 4\ 3\ 1)$$

や

$$(1\ 2\ 3\ 4) \longrightarrow (3\ 2\ 1\ 4) \longrightarrow (2\ 3\ 1\ 4) \longrightarrow (2\ 1\ 3\ 4) \longrightarrow (2\ 4\ 3\ 1)$$

など，$(1\ 2\ 3\ 4)$ から $(2\ 4\ 3\ 1)$ を得る方法はいくらでもあるが，必ず偶数回の作業で $(2\ 4\ 3\ 1)$ に到達する．一般の順列に対しても同様で，$(1\ 2\ \cdots\ n)$ から $(i_1\ i_2\ \cdots\ i_n)$ を得る方法はいくらでもあるが，偶数回か奇数回かは考えている順列ごとに決まる（証明は省略する）．もう 1 つ例を挙げよう．$\mathrm{sgn}(3\ 1\ 2\ 5\ 4) = -1$ である．実際，

$$(1\ 2\ 3\ 4\ 5) \longrightarrow (2\ 1\ 3\ 4\ 5) \longrightarrow (3\ 1\ 2\ 4\ 5) \longrightarrow (3\ 1\ 2\ 5\ 4)$$

のように，3 回の作業で $(3\ 1\ 2\ 5\ 4)$ が得られる．最後に，もう 1 つ例を挙げておく．$\mathrm{sgn}(1\ 2\ 3\ 4) = 1$ である．実際，

$$(1\ 2\ 3\ 4) \longrightarrow (2\ 1\ 3\ 4) \longrightarrow (1\ 2\ 3\ 4)$$

のように，2 回の作業で $(1\ 2\ 3\ 4)$ が得られる．あるいは，0 回の作業で $(1\ 2\ 3\ 4)$ が得られると考えてもよい．　■

それでは，n 次の行列式の定義を述べよう．

定義 2.2

n 次正方行列 $A = \begin{bmatrix} a_{11} & a_{12} & \cdots & a_{1n} \\ a_{21} & a_{22} & \cdots & a_{2n} \\ \vdots & \vdots & \ddots & \vdots \\ a_{n1} & a_{n2} & \cdots & a_{nn} \end{bmatrix}$ に対して，

$$|A| = \sum_{(i_1\ i_2\ \cdots\ i_n) \in S_n} \mathrm{sgn}(i_1\ i_2\ \cdots\ i_n) a_{i_1 1} a_{i_2 2} \cdots a_{i_n n}$$

を A の**行列式**という（n 次正方行列に対する行列式なので，**n 次の行列式**ともいう）．ただし，$\displaystyle\sum_{(i_1\ i_2\ \cdots\ i_n) \in S_n}$ は，長さ n のすべての順列に関する和を取るという意味である．

注意　$|A|$ の代わりに

$$\det A, \qquad \begin{vmatrix} a_{11} & a_{12} & \cdots & a_{1n} \\ a_{21} & a_{22} & \cdots & a_{2n} \\ \vdots & \vdots & \ddots & \vdots \\ a_{n1} & a_{n2} & \cdots & a_{nn} \end{vmatrix}, \qquad \det \begin{bmatrix} a_{11} & a_{12} & \cdots & a_{1n} \\ a_{21} & a_{22} & \cdots & a_{2n} \\ \vdots & \vdots & \ddots & \vdots \\ a_{n1} & a_{n2} & \cdots & a_{nn} \end{bmatrix}$$

という記法を用いる場合もある．

注意 定義 2.2 で $n=2$ や $n=3$ としたものは，第 1 章で定義した 2 次の行列式（(1.4) または定義 1.1）や 3 次の行列式（(1.6) または定義 1.2）に一致する．実際，$n=2$ のときは，

$$|A| = \sum_{(i_1\ i_2)\in S_2} \mathrm{sgn}(i_1\ i_2)a_{i_11}a_{i_22} = \mathrm{sgn}(1\ 2)a_{11}a_{22} + \mathrm{sgn}(2\ 1)a_{21}a_{12} = a_{11}a_{22} - a_{21}a_{12}$$

$$= a_{11}a_{22} - a_{12}a_{21}$$

となる．また，$n=3$ のときは，前述のように，

$$S_3 = \{(1\ 2\ 3),\ (1\ 3\ 2),\ (2\ 1\ 3),\ (2\ 3\ 1),\ (3\ 1\ 2),\ (3\ 2\ 1)\}$$

であり，さらに，

$$(1\ 2\ 3) \longrightarrow (2\ 1\ 3) \longrightarrow (2\ 3\ 1), \qquad (1\ 2\ 3) \longrightarrow (2\ 1\ 3) \longrightarrow (3\ 1\ 2)$$

より，$\mathrm{sgn}(1\ 2\ 3) = \mathrm{sgn}(2\ 3\ 1) = \mathrm{sgn}(3\ 1\ 2) = 1$ であり，

$$(1\ 2\ 3) \longrightarrow (1\ 3\ 2), \qquad (1\ 2\ 3) \longrightarrow (2\ 1\ 3), \qquad (1\ 2\ 3) \longrightarrow (3\ 2\ 1)$$

より，$\mathrm{sgn}(1\ 3\ 2) = \mathrm{sgn}(2\ 1\ 3) = \mathrm{sgn}(3\ 2\ 1) = -1$ なので，

$$|A| = \sum_{(i_1\ i_2\ i_3)\in S_3} \mathrm{sgn}(i_1\ i_2\ i_3)a_{i_11}a_{i_22}a_{i_33}$$

$$= \mathrm{sgn}(1\ 2\ 3)a_{11}a_{22}a_{33} + \mathrm{sgn}(1\ 3\ 2)a_{11}a_{32}a_{23} + \mathrm{sgn}(2\ 1\ 3)a_{21}a_{12}a_{33}$$

$$+ \mathrm{sgn}(2\ 3\ 1)a_{21}a_{32}a_{13} + \mathrm{sgn}(3\ 1\ 2)a_{31}a_{12}a_{23} + \mathrm{sgn}(3\ 2\ 1)a_{31}a_{22}a_{13}$$

$$= a_{11}a_{22}a_{33} - a_{11}a_{32}a_{23} - a_{21}a_{12}a_{33} + a_{21}a_{32}a_{13} + a_{31}a_{12}a_{23} - a_{31}a_{22}a_{13}$$

$$= a_{11}a_{22}a_{33} + a_{12}a_{23}a_{31} + a_{13}a_{32}a_{21} - a_{13}a_{22}a_{31} - a_{12}a_{21}a_{33} - a_{11}a_{32}a_{23}$$

となる．

2−2．n 次の行列式の性質

この節では行列式の性質について述べていく．一部の定理には証明を与えておくので，必要に応じて証明も参照してほしい．

定理 2.1（列に関する多重線形性）

(1) ある列（第 j 列）が 2 つの列ベクトルの和になっている行列の行列式は，その列以外（第 j 列以外）はそのままでその列（第 j 列）はそれぞれの列ベクトルとした 2 つの行列の行列式の和に等しい．すなわち，

$$\begin{vmatrix} a_{11} & \cdots & a_{1j}+b_{1j} & \cdots & a_{1n} \\ a_{21} & \cdots & a_{2j}+b_{2j} & \cdots & a_{2n} \\ \vdots & & \vdots & & \vdots \\ a_{n1} & \cdots & a_{nj}+b_{nj} & \cdots & a_{nn} \end{vmatrix} = \begin{vmatrix} a_{11} & \cdots & a_{1j} & \cdots & a_{1n} \\ a_{21} & \cdots & a_{2j} & \cdots & a_{2n} \\ \vdots & & \vdots & & \vdots \\ a_{n1} & \cdots & a_{nj} & \cdots & a_{nn} \end{vmatrix} + \begin{vmatrix} a_{11} & \cdots & b_{1j} & \cdots & a_{1n} \\ a_{21} & \cdots & b_{2j} & \cdots & a_{2n} \\ \vdots & & \vdots & & \vdots \\ a_{n1} & \cdots & b_{nj} & \cdots & a_{nn} \end{vmatrix}$$

(2) ある列を c 倍すると，行列式の値は c 倍になる．すなわち，

$$\begin{vmatrix} a_{11} & \cdots & ca_{1j} & \cdots & a_{1n} \\ a_{21} & \cdots & ca_{2j} & \cdots & a_{2n} \\ \vdots & & \vdots & & \vdots \\ a_{n1} & \cdots & ca_{nj} & \cdots & a_{nn} \end{vmatrix} = c \begin{vmatrix} a_{11} & \cdots & a_{1j} & \cdots & a_{1n} \\ a_{21} & \cdots & a_{2j} & \cdots & a_{2n} \\ \vdots & & \vdots & & \vdots \\ a_{n1} & \cdots & a_{nj} & \cdots & a_{nn} \end{vmatrix}$$

証明.

(1) 行列式の定義から，

$$\begin{aligned} （左辺） &= \sum_{(i_1 \cdots i_n) \in S_n} \mathrm{sgn}(i_1 \cdots i_n) a_{i_1 1} \cdots (a_{i_j j} + b_{i_j j}) \cdots a_{i_n n} \\ &= \sum_{(i_1 \cdots i_n) \in S_n} \{ \mathrm{sgn}(i_1 \cdots i_n) a_{i_1 1} \cdots a_{i_j j} \cdots a_{i_n n} + \mathrm{sgn}(i_1 \cdots i_n) a_{i_1 1} \cdots b_{i_j j} \cdots a_{i_n n} \} \\ &= \sum_{(i_1 \cdots i_n) \in S_n} \mathrm{sgn}(i_1 \cdots i_n) a_{i_1 1} \cdots a_{i_j j} \cdots a_{i_n n} \\ &\qquad\qquad\qquad + \sum_{(i_1 \cdots i_n) \in S_n} \mathrm{sgn}(i_1 \cdots i_n) a_{i_1 1} \cdots b_{i_j j} \cdots a_{i_n n} \\ &= （右辺） \end{aligned}$$

である．

(2) 行列式の定義から，

$$\begin{aligned} （左辺） &= \sum_{(i_1 \cdots i_n) \in S_n} \mathrm{sgn}(i_1 \cdots i_n) a_{i_1 1} \cdots ca_{i_j j} \cdots a_{i_n n} \\ &= c \sum_{(i_1 \cdots i_n) \in S_n} \mathrm{sgn}(i_1 \cdots i_n) a_{i_1 1} \cdots a_{i_j j} \cdots a_{i_n n} \\ &= （右辺） \end{aligned}$$

である．　□

> **定理 2.2**（列に関する交代性）
>
> 2つの列を入れ替えると，行列式の値は -1 倍になる．すなわち，
>
> $$\begin{vmatrix} a_{11} & \cdots & a_{1k} & \cdots & a_{1j} & \cdots & a_{1n} \\ a_{21} & \cdots & a_{2k} & \cdots & a_{2j} & \cdots & a_{2n} \\ \vdots & & \vdots & & \vdots & & \vdots \\ a_{n1} & \cdots & a_{nk} & \cdots & a_{nj} & \cdots & a_{nn} \end{vmatrix} = - \begin{vmatrix} a_{11} & \cdots & a_{1j} & \cdots & a_{1k} & \cdots & a_{1n} \\ a_{21} & \cdots & a_{2j} & \cdots & a_{2k} & \cdots & a_{2n} \\ \vdots & & \vdots & & \vdots & & \vdots \\ a_{n1} & \cdots & a_{nj} & \cdots & a_{nk} & \cdots & a_{nn} \end{vmatrix}$$

証明. 行列式の定義から，

$$（右辺）= - \sum_{(i_1 \cdots i_j \cdots i_k \cdots i_n) \in S_n} \mathrm{sgn}(i_1 \cdots i_j \cdots i_k \cdots i_n) a_{i_1 1} \cdots a_{i_j j} \cdots a_{i_k k} \cdots a_{i_n n} \tag{2.1}$$

である．一方，証明すべき等式の左辺は j 列と k 列が入れ替わった行列の行列式なので，

$$（左辺）= \sum_{(i_1 \cdots i_j \cdots i_k \cdots i_n) \in S_n} \mathrm{sgn}(i_1 \cdots i_j \cdots i_k \cdots i_n) a_{i_1 1} \cdots a_{i_j k} \cdots a_{i_k j} \cdots a_{i_n n}$$

である．ここで，上式の右辺において i_j と i_k を一斉に入れ替えても値は変わらないので，

$$（左辺）= \sum_{(i_1 \cdots i_k \cdots i_j \cdots i_n) \in S_n} \mathrm{sgn}(i_1 \cdots i_k \cdots i_j \cdots i_n) a_{i_1 1} \cdots a_{i_k k} \cdots a_{i_j j} \cdots a_{i_n n}$$

となる．また，実数の積は可換（任意の実数 x, y に対して $xy = yx$ が成り立つ）なので，上式の右辺で $a_{i_k k}$ と $a_{i_j j}$ を入れ替えることができ，

$$（左辺）= \sum_{(i_1 \cdots i_k \cdots i_j \cdots i_n) \in S_n} \mathrm{sgn}(i_1 \cdots i_k \cdots i_j \cdots i_n) a_{i_1 1} \cdots a_{i_j j} \cdots a_{i_k k} \cdots a_{i_n n}$$

となる．さらに，$(1\,2\,\cdots\,n)$ から2つの数字の交換を繰り返して $(i_1 \cdots i_j \cdots i_k \cdots i_n)$ を得た後に，i_j と i_k を交換すれば，$(i_1 \cdots i_k \cdots i_j \cdots i_n)$ が得られるので，

$$\mathrm{sgn}(i_1 \cdots i_k \cdots i_j \cdots i_n) = -\mathrm{sgn}(i_1 \cdots i_j \cdots i_k \cdots i_n)$$

が成り立つ．よって，

$$（左辺）= - \sum_{(i_1 \cdots i_k \cdots i_j \cdots i_n) \in S_n} \mathrm{sgn}(i_1 \cdots i_j \cdots i_k \cdots i_n) a_{i_1 1} \cdots a_{i_j j} \cdots a_{i_k k} \cdots a_{i_n n} \tag{2.2}$$

となる．ここで，$\displaystyle\sum_{(i_1 \cdots i_j \cdots i_k \cdots i_n) \in S_n}$ も $\displaystyle\sum_{(i_1 \cdots i_k \cdots i_j \cdots i_n) \in S_n}$ も，長さ n のすべての順列に関する和を取るという意味なので，(2.1) と (2.2) から結論を得る． □

定理 2.3

2 つの列が等しい行列の行列式の値は 0 である．すなわち，

$$
\begin{vmatrix}
a_{11} & \cdots & a_{1j} & \cdots & a_{1j} & \cdots & a_{1n} \\
a_{21} & \cdots & a_{2j} & \cdots & a_{2j} & \cdots & a_{2n} \\
\vdots & & \vdots & & \vdots & & \vdots \\
a_{n1} & \cdots & a_{nj} & \cdots & a_{nj} & \cdots & a_{nn}
\end{vmatrix} = 0
$$

証明. 定理 2.2（列に関する交代性）から，

$$
\begin{vmatrix}
a_{11} & \cdots & a_{1j} & \cdots & a_{1j} & \cdots & a_{1n} \\
a_{21} & \cdots & a_{2j} & \cdots & a_{2j} & \cdots & a_{2n} \\
\vdots & & \vdots & & \vdots & & \vdots \\
a_{n1} & \cdots & a_{nj} & \cdots & a_{nj} & \cdots & a_{nn}
\end{vmatrix} = -
\begin{vmatrix}
a_{11} & \cdots & a_{1j} & \cdots & a_{1j} & \cdots & a_{1n} \\
a_{21} & \cdots & a_{2j} & \cdots & a_{2j} & \cdots & a_{2n} \\
\vdots & & \vdots & & \vdots & & \vdots \\
a_{n1} & \cdots & a_{nj} & \cdots & a_{nj} & \cdots & a_{nn}
\end{vmatrix}
$$

なので，

$$
2
\begin{vmatrix}
a_{11} & \cdots & a_{1j} & \cdots & a_{1j} & \cdots & a_{1n} \\
a_{21} & \cdots & a_{2j} & \cdots & a_{2j} & \cdots & a_{2n} \\
\vdots & & \vdots & & \vdots & & \vdots \\
a_{n1} & \cdots & a_{nj} & \cdots & a_{nj} & \cdots & a_{nn}
\end{vmatrix} = 0
$$

となる．よって，結論を得る． □

例

$$
\begin{vmatrix}
1 & 1 & 4 \\
1 & 2 & 6 \\
1 & 3 & 8
\end{vmatrix}
=
\begin{vmatrix}
1 & 1 & 2\cdot 2 \\
1 & 2 & 2\cdot 3 \\
1 & 3 & 2\cdot 4
\end{vmatrix}
\overset{\text{定理 2.1 の (2)}}{=}
2
\begin{vmatrix}
1 & 1 & 2 \\
1 & 2 & 3 \\
1 & 3 & 4
\end{vmatrix}
$$

$$
=
2
\begin{vmatrix}
1 & 1 & 1+1 \\
1 & 2 & 1+2 \\
1 & 3 & 1+3
\end{vmatrix}
$$

$$
\overset{\text{定理 2.1 の (1)}}{=}
2
\left(
\begin{vmatrix}
1 & 1 & 1 \\
1 & 2 & 1 \\
1 & 3 & 1
\end{vmatrix}
+
\begin{vmatrix}
1 & 1 & 1 \\
1 & 2 & 2 \\
1 & 3 & 3
\end{vmatrix}
\right)
$$

$$
\overset{\text{定理 2.3}}{=}
2\cdot (0+0)
$$

$$
= \quad 0 \quad \blacksquare
$$

定理 2.4

ある列に他の列の定数倍を加えても，行列式の値は変化しない．すなわち，

$$\begin{vmatrix} a_{11} & \cdots & a_{1j}+ca_{1k} & \cdots & a_{1k} & \cdots & a_{1n} \\ a_{21} & \cdots & a_{2j}+ca_{2k} & \cdots & a_{2k} & \cdots & a_{2n} \\ \vdots & & \vdots & & \vdots & & \vdots \\ a_{n1} & \cdots & a_{nj}+ca_{nk} & \cdots & a_{nk} & \cdots & a_{nn} \end{vmatrix} = \begin{vmatrix} a_{11} & \cdots & a_{1j} & \cdots & a_{1k} & \cdots & a_{1n} \\ a_{21} & \cdots & a_{2j} & \cdots & a_{2k} & \cdots & a_{2n} \\ \vdots & & \vdots & & \vdots & & \vdots \\ a_{n1} & \cdots & a_{nj} & \cdots & a_{nk} & \cdots & a_{nn} \end{vmatrix}$$

証明. 定理 2.1 と定理 2.3 から，

$$(左辺) = \begin{vmatrix} a_{11} & \cdots & a_{1j} & \cdots & a_{1k} & \cdots & a_{1n} \\ a_{21} & \cdots & a_{2j} & \cdots & a_{2k} & \cdots & a_{2n} \\ \vdots & & \vdots & & \vdots & & \vdots \\ a_{n1} & \cdots & a_{nj} & \cdots & a_{nk} & \cdots & a_{nn} \end{vmatrix} + \begin{vmatrix} a_{11} & \cdots & ca_{1k} & \cdots & a_{1k} & \cdots & a_{1n} \\ a_{21} & \cdots & ca_{2k} & \cdots & a_{2k} & \cdots & a_{2n} \\ \vdots & & \vdots & & \vdots & & \vdots \\ a_{n1} & \cdots & ca_{nk} & \cdots & a_{nk} & \cdots & a_{nn} \end{vmatrix}$$

$$= \begin{vmatrix} a_{11} & \cdots & a_{1j} & \cdots & a_{1k} & \cdots & a_{1n} \\ a_{21} & \cdots & a_{2j} & \cdots & a_{2k} & \cdots & a_{2n} \\ \vdots & & \vdots & & \vdots & & \vdots \\ a_{n1} & \cdots & a_{nj} & \cdots & a_{nk} & \cdots & a_{nn} \end{vmatrix} + c \begin{vmatrix} a_{11} & \cdots & a_{1k} & \cdots & a_{1k} & \cdots & a_{1n} \\ a_{21} & \cdots & a_{2k} & \cdots & a_{2k} & \cdots & a_{2n} \\ \vdots & & \vdots & & \vdots & & \vdots \\ a_{n1} & \cdots & a_{nk} & \cdots & a_{nk} & \cdots & a_{nn} \end{vmatrix}$$

$$= (右辺)$$

である． □

例 定理 2.4（と定理 2.3）を用いて，行列式の値を求めてみる．

$$\begin{vmatrix} 999 & 998 & 997 \\ 996 & 995 & 994 \\ 993 & 992 & 991 \end{vmatrix} \overset{1列+2列\times(-1)}{=} \begin{vmatrix} 1 & 998 & 997 \\ 1 & 995 & 994 \\ 1 & 992 & 991 \end{vmatrix} \overset{2列+3列\times(-1)}{=} \begin{vmatrix} 1 & 1 & 997 \\ 1 & 1 & 994 \\ 1 & 1 & 991 \end{vmatrix} \overset{定理2.3}{=} 0 \quad ■$$

次の 4 つの定理の証明は省略する．

定理 2.5（単位行列の行列式の値）

$$|E| = 1$$

定理 2.6

転置行列の行列式は元の行列の行列式に等しい．すなわち，正方行列 A に対して，

$$|{}^tA| = |A|$$

が成り立つ．

> **定理 2.7**
>
> n 次正方行列 A と B に対して,
>
> $$|AB| = |A||B|$$
>
> が成り立つ.

> **定理 2.8**
>
> 正方行列 A が正則であるための必要十分条件は
>
> $$|A| \neq 0$$
>
> である. また, A が正則行列のとき,
>
> $$|A^{-1}| = \frac{1}{|A|}$$
>
> が成り立つ.

定理 2.6 を用いることで, 行列式の列に関する性質 (定理 2.1 から定理 2.4) と同様な性質が行列式の行に関しても成り立つことがわかる. 具体的には, 以下の 4 つの定理 (定理 2.9 から定理 2.12) が成り立つ (証明は省略する).

> **定理 2.9** (行に関する多重線形性)
>
> (1) ある行 (第 i 行) が 2 つの行ベクトルの和になっている行列の行列式は, その行以外 (第 i 行以外) はそのままでその行 (第 i 行) はそれぞれの行ベクトルとした 2 つの行列の行列式の和に等しい. すなわち,
>
> $$\begin{vmatrix} a_{11} & a_{12} & \cdots & a_{1n} \\ \vdots & \vdots & & \vdots \\ a_{i1}+b_{i1} & a_{i2}+b_{i2} & \cdots & a_{in}+b_{in} \\ \vdots & \vdots & & \vdots \\ a_{n1} & a_{n2} & \cdots & a_{nn} \end{vmatrix} = \begin{vmatrix} a_{11} & a_{12} & \cdots & a_{1n} \\ \vdots & \vdots & & \vdots \\ a_{i1} & a_{i2} & \cdots & a_{in} \\ \vdots & \vdots & & \vdots \\ a_{n1} & a_{n2} & \cdots & a_{nn} \end{vmatrix} + \begin{vmatrix} a_{11} & a_{12} & \cdots & a_{1n} \\ \vdots & \vdots & & \vdots \\ b_{i1} & b_{i2} & \cdots & b_{in} \\ \vdots & \vdots & & \vdots \\ a_{n1} & a_{n2} & \cdots & a_{nn} \end{vmatrix}$$
>
> (2) ある行を c 倍すると, 行列式の値は c 倍になる. すなわち,
>
> $$\begin{vmatrix} a_{11} & a_{12} & \cdots & a_{1n} \\ \vdots & \vdots & & \vdots \\ ca_{i1} & ca_{i2} & \cdots & ca_{in} \\ \vdots & \vdots & & \vdots \\ a_{n1} & a_{n2} & \cdots & a_{nn} \end{vmatrix} = c \begin{vmatrix} a_{11} & a_{12} & \cdots & a_{1n} \\ \vdots & \vdots & & \vdots \\ a_{i1} & a_{i2} & \cdots & a_{in} \\ \vdots & \vdots & & \vdots \\ a_{n1} & a_{n2} & \cdots & a_{nn} \end{vmatrix}$$

定理 2.10（行に関する交代性）

2 つの行を入れ替えると，行列式の値は -1 倍になる．すなわち，

$$
\begin{vmatrix}
a_{11} & a_{12} & \cdots & a_{1n} \\
\vdots & \vdots & & \vdots \\
a_{k1} & a_{k2} & \cdots & a_{kn} \\
\vdots & \vdots & & \vdots \\
a_{i1} & a_{i2} & \cdots & a_{in} \\
\vdots & \vdots & & \vdots \\
a_{n1} & a_{n2} & \cdots & a_{nn}
\end{vmatrix}
= -
\begin{vmatrix}
a_{11} & a_{12} & \cdots & a_{1n} \\
\vdots & \vdots & & \vdots \\
a_{i1} & a_{i2} & \cdots & a_{in} \\
\vdots & \vdots & & \vdots \\
a_{k1} & a_{k2} & \cdots & a_{kn} \\
\vdots & \vdots & & \vdots \\
a_{n1} & a_{n2} & \cdots & a_{nn}
\end{vmatrix}
$$

定理 2.11

2 つの行が等しい行列の行列式の値は 0 である．すなわち，

$$
\begin{vmatrix}
a_{11} & a_{12} & \cdots & a_{1n} \\
\vdots & \vdots & & \vdots \\
a_{i1} & a_{i2} & \cdots & a_{in} \\
\vdots & \vdots & & \vdots \\
a_{i1} & a_{i2} & \cdots & a_{in} \\
\vdots & \vdots & & \vdots \\
a_{n1} & a_{n2} & \cdots & a_{nn}
\end{vmatrix}
= 0
$$

定理 2.12

ある行に他の行の定数倍を加えても，行列式の値は変化しない．すなわち，

$$
\begin{vmatrix}
a_{11} & a_{12} & \cdots & a_{1n} \\
\vdots & \vdots & & \vdots \\
a_{i1}+ca_{k1} & a_{i2}+ca_{k2} & \cdots & a_{in}+ca_{kn} \\
\vdots & \vdots & & \vdots \\
a_{k1} & a_{k2} & \cdots & a_{kn} \\
\vdots & \vdots & & \vdots \\
a_{n1} & a_{n2} & \cdots & a_{nn}
\end{vmatrix}
=
\begin{vmatrix}
a_{11} & a_{12} & \cdots & a_{1n} \\
\vdots & \vdots & & \vdots \\
a_{i1} & a_{i2} & \cdots & a_{in} \\
\vdots & \vdots & & \vdots \\
a_{k1} & a_{k2} & \cdots & a_{kn} \\
\vdots & \vdots & & \vdots \\
a_{n1} & a_{n2} & \cdots & a_{nn}
\end{vmatrix}
$$

例

$$
\begin{vmatrix}
4 & 2 & 6 \\
7 & 9 & 2 \\
5 & 8 & -1
\end{vmatrix}
=
\begin{vmatrix}
2\cdot2 & 2\cdot1 & 2\cdot3 \\
7 & 9 & 2 \\
5 & 8 & -1
\end{vmatrix}
\overset{\text{定理 2.9 の (2)}}{=}
2
\begin{vmatrix}
2 & 1 & 3 \\
7 & 9 & 2 \\
5 & 8 & -1
\end{vmatrix}
$$

$$
=
2
\begin{vmatrix}
2 & 1 & 3 \\
2+5 & 1+8 & 3+(-1) \\
5 & 8 & -1
\end{vmatrix}
$$

$$\overset{\text{定理 2.9 の (1)}}{=} \quad 2\left(\begin{vmatrix} 2 & 1 & 3 \\ 2 & 1 & 3 \\ 5 & 8 & -1 \end{vmatrix} + \begin{vmatrix} 2 & 1 & 3 \\ 5 & 8 & -1 \\ 5 & 8 & -1 \end{vmatrix}\right)$$

$$\overset{\text{定理 2.11}}{=} \quad 2 \cdot (0 + 0)$$

$$= \quad 0$$

である. また, 定理 2.12 （と定理 2.11）より,

$$\begin{vmatrix} 100 & 103 & 106 \\ 101 & 104 & 107 \\ 102 & 105 & 108 \end{vmatrix} \overset{\text{3 行+2 行×(−1)}}{=} \begin{vmatrix} 100 & 103 & 106 \\ 101 & 104 & 107 \\ 1 & 1 & 1 \end{vmatrix} \overset{\text{2 行+1 行×(−1)}}{=} \begin{vmatrix} 100 & 103 & 106 \\ 1 & 1 & 1 \\ 1 & 1 & 1 \end{vmatrix} \overset{\text{定理 2.11}}{=} 0$$

である. ∎

２−３．余因子展開

　この節では，行列式の値を計算する方法として，余因子展開（定理 2.15）を紹介する．余因子展開を用いると，n 次の行列式の計算を $n-1$ 次の行列式の計算に帰着させることができる．すなわち，行列式の次数を下げることができるので，計算が楽になることが多いのである．定理 2.15 を証明するために，まずは次の定理の証明から始めよう．

> **定理 2.13**
>
> (1)
> $$\begin{vmatrix} a_{11} & \cdots & a_{1\,n-1} & 0 \\ \vdots & & \vdots & \vdots \\ a_{n-1\,1} & \cdots & a_{n-1\,n-1} & 0 \\ a_{n1} & \cdots & a_{n\,n-1} & a_{nn} \end{vmatrix} = a_{nn}\begin{vmatrix} a_{11} & \cdots & a_{1\,n-1} \\ \vdots & & \vdots \\ a_{n-1\,1} & \cdots & a_{n-1\,n-1} \end{vmatrix}$$
>
> (2)
> $$\begin{vmatrix} a_{11} & \cdots & a_{1\,n-1} & a_{1n} \\ \vdots & & \vdots & \vdots \\ a_{n-1\,1} & \cdots & a_{n-1\,n-1} & a_{n-1\,n} \\ 0 & \cdots & 0 & a_{nn} \end{vmatrix} = a_{nn}\begin{vmatrix} a_{11} & \cdots & a_{1\,n-1} \\ \vdots & & \vdots \\ a_{n-1\,1} & \cdots & a_{n-1\,n-1} \end{vmatrix}$$

証明.

(1) $a_{1n} = a_{2n} = \cdots = a_{n-1\,n} = 0$ と置くと，行列式の定義から，

$$(左辺) = \sum_{(i_1 \cdots i_n) \in S_n} \mathrm{sgn}(i_1 \cdots i_n) a_{i_1 1} \cdots a_{i_n n}$$

であり，$i_n \neq n$ のときは $a_{i_n n} = 0$ である．すなわち，$i_n \neq n$ のときは

$$\mathrm{sgn}(i_1 \ \cdots \ i_n)a_{i_1 1}\cdots a_{i_n n} = 0$$

なので，

$$
\begin{aligned}
(左辺) &= \sum_{(i_1 \cdots i_{n-1}\, n)\in S_n} \mathrm{sgn}(i_1 \ \cdots \ i_{n-1}\, n)a_{i_1 1}\cdots a_{i_{n-1}\, n-1}a_{nn}\\
&= a_{nn}\sum_{(i_1 \cdots i_{n-1}\, n)\in S_n} \mathrm{sgn}(i_1 \ \cdots \ i_{n-1}\, n)a_{i_1 1}\cdots a_{i_{n-1}\, n-1} \tag{2.3}
\end{aligned}
$$

となる．ここで，$(1\, 2\ \cdots\ n) \in S_n$ から $(i_1 \ \cdots \ i_{n-1}\, n) \in S_n$ を得る作業では，$(1\, 2\ \cdots\ n-1) \in S_{n-1}$ から $(i_1 \ \cdots \ i_{n-1}) \in S_{n-1}$ を得る作業と同じ作業をすればよいことがわかる．なぜなら，$(1\, 2\ \cdots\ n) \in S_n$ から 2 つの数字の交換を繰り返して $(i_1 \ \cdots \ i_{n-1}\, n) \in S_n$ を得る作業では，n を動かす必要はないからである．従って，

$$\mathrm{sgn}(i_1 \ \cdots \ i_{n-1}\, n) = \mathrm{sgn}(i_1 \ \cdots \ i_{n-1}) \tag{2.4}$$

が成り立つ．さらに，$\displaystyle\sum_{(i_1 \cdots i_{n-1}\, n)\in S_n}$ は，$i_n = n$ を満たす長さ n の順列すべてに関する和を取るという意味なので，長さ $n-1$ の順列すべてに関する和を取ることと同一視できる．すなわち，$\displaystyle\sum_{(i_1 \cdots i_{n-1}\, n)\in S_n}$ は $\displaystyle\sum_{(i_1 \cdots i_{n-1})\in S_{n-1}}$ に置き換えることができるので，(2.3) と (2.4) から，

$$(左辺) = a_{nn}\sum_{(i_1 \cdots i_{n-1})\in S_{n-1}} \mathrm{sgn}(i_1 \ \cdots \ i_{n-1})a_{i_1 1}\cdots a_{i_{n-1}\, n-1} = (右辺)$$

が成り立つ．

(2) 転置行列の行列式が元の行列の行列式に等しい（定理 2.6）ことを用いればよい．具体的には，

$$
\begin{vmatrix}
a_{11} & \cdots & a_{1\, n-1} & a_{1n}\\
\vdots & & \vdots & \vdots\\
a_{n-1\, 1} & \cdots & a_{n-1\, n-1} & a_{n-1\, n}\\
0 & \cdots & 0 & a_{nn}
\end{vmatrix}
\overset{定理 2.6}{=}
\begin{vmatrix}
a_{11} & \cdots & a_{n-1\, 1} & 0\\
\vdots & & \vdots & \vdots\\
a_{1\, n-1} & \cdots & a_{n-1\, n-1} & 0\\
a_{1n} & \cdots & a_{n-1\, n} & a_{nn}
\end{vmatrix}
$$

$$
\overset{定理 2.13 の (1)}{=}
a_{nn}
\begin{vmatrix}
a_{11} & \cdots & a_{n-1\, 1}\\
\vdots & & \vdots\\
a_{1\, n-1} & \cdots & a_{n-1\, n-1}
\end{vmatrix}
$$

$$
\overset{定理 2.6}{=}
a_{nn}
\begin{vmatrix}
a_{11} & \cdots & a_{1\, n-1}\\
\vdots & & \vdots\\
a_{n-1\, 1} & \cdots & a_{n-1\, n-1}
\end{vmatrix}
$$

となる． $\square$

定理 2.13 を用いることで，以下の定理を証明することができる．そして，定理 2.14 は，定理 2.15（余因子展開）を証明する際に必要となる．

定理 2.14

(1) ある列が，1 つの成分を除いてすべての成分が 0 のとき，行列式の次数を下げることができる．具体的には以下が成立する．

$$
\begin{vmatrix}
a_{11} & \cdots & a_{1\,j-1} & 0 & a_{1\,j+1} & \cdots & a_{1n} \\
\vdots & & \vdots & \vdots & \vdots & & \vdots \\
a_{i-1\,1} & \cdots & a_{i-1\,j-1} & 0 & a_{i-1\,j+1} & \cdots & a_{i-1\,n} \\
a_{i1} & \cdots & a_{i\,j-1} & a_{ij} & a_{i\,j+1} & \cdots & a_{in} \\
a_{i+1\,1} & \cdots & a_{i+1\,j-1} & 0 & a_{i+1\,j+1} & \cdots & a_{i+1\,n} \\
\vdots & & \vdots & \vdots & \vdots & & \vdots \\
a_{n1} & \cdots & a_{n\,j-1} & 0 & a_{n\,j+1} & \cdots & a_{nn}
\end{vmatrix}
$$

$$
=(-1)^{i+j}a_{ij}
\begin{vmatrix}
a_{11} & \cdots & a_{1\,j-1} & a_{1\,j+1} & \cdots & a_{1n} \\
\vdots & & \vdots & \vdots & & \vdots \\
a_{i-1\,1} & \cdots & a_{i-1\,j-1} & a_{i-1\,j+1} & \cdots & a_{i-1\,n} \\
a_{i+1\,1} & \cdots & a_{i+1\,j-1} & a_{i+1\,j+1} & \cdots & a_{i+1\,n} \\
\vdots & & \vdots & \vdots & & \vdots \\
a_{n1} & \cdots & a_{n\,j-1} & a_{n\,j+1} & \cdots & a_{nn}
\end{vmatrix}
$$

(2) ある行が，1 つの成分を除いてすべての成分が 0 のとき，行列式の次数を下げることができる．具体的には以下が成立する．

$$
\begin{vmatrix}
a_{11} & \cdots & a_{1\,j-1} & a_{1j} & a_{1\,j+1} & \cdots & a_{1n} \\
\vdots & & \vdots & \vdots & \vdots & & \vdots \\
a_{i-1\,1} & \cdots & a_{i-1\,j-1} & a_{i-1\,j} & a_{i-1\,j+1} & \cdots & a_{i-1\,n} \\
0 & \cdots & 0 & a_{ij} & 0 & \cdots & 0 \\
a_{i+1\,1} & \cdots & a_{i+1\,j-1} & a_{i+1\,j} & a_{i+1\,j+1} & \cdots & a_{i+1\,n} \\
\vdots & & \vdots & \vdots & \vdots & & \vdots \\
a_{n1} & \cdots & a_{n\,j-1} & a_{n\,j} & a_{n\,j+1} & \cdots & a_{nn}
\end{vmatrix}
$$

$$
=(-1)^{i+j}a_{ij}
\begin{vmatrix}
a_{11} & \cdots & a_{1\,j-1} & a_{1\,j+1} & \cdots & a_{1n} \\
\vdots & & \vdots & \vdots & & \vdots \\
a_{i-1\,1} & \cdots & a_{i-1\,j-1} & a_{i-1\,j+1} & \cdots & a_{i-1\,n} \\
a_{i+1\,1} & \cdots & a_{i+1\,j-1} & a_{i+1\,j+1} & \cdots & a_{i+1\,n} \\
\vdots & & \vdots & \vdots & & \vdots \\
a_{n1} & \cdots & a_{n\,j-1} & a_{n\,j+1} & \cdots & a_{nn}
\end{vmatrix}
$$

証明.

(1) 式が長くなるのを避けるために，示すべき等式の左辺を

$$\begin{vmatrix} A & \mathbf{0} & B \\ \cdots & a_{ij} & \cdots \\ C & \mathbf{0} & D \end{vmatrix}$$

と書くことにする．このとき，示すべき等式の右辺は

$$(-1)^{i+j} a_{ij} \begin{vmatrix} A & B \\ C & D \end{vmatrix}$$

と書ける．まず，左辺の行列式の第 i 行を 1 つ下の行と入れ替える作業を $n-i$ 回繰り返して第 n 行まで移動させると，定理 2.10（行に関する交代性）を $n-i$ 回用いることになるので，

$$\begin{vmatrix} A & \mathbf{0} & B \\ \cdots & a_{ij} & \cdots \\ C & \mathbf{0} & D \end{vmatrix} = (-1)^{n-i} \begin{vmatrix} A & \mathbf{0} & B \\ C & \mathbf{0} & D \\ \cdots & a_{ij} & \cdots \end{vmatrix} \tag{2.5}$$

となる．次に，(2.5) の右辺の行列式の第 j 列を 1 つ右の列と入れ替える作業を $n-j$ 回繰り返して第 n 列まで移動させると，定理 2.2（列に関する交代性）を $n-j$ 回用いることになるので，

$$\begin{vmatrix} A & \mathbf{0} & B \\ C & \mathbf{0} & D \\ \cdots & a_{ij} & \cdots \end{vmatrix} = (-1)^{n-j} \begin{vmatrix} A & B & \mathbf{0} \\ C & D & \mathbf{0} \\ \cdots & \cdots & a_{ij} \end{vmatrix} \tag{2.6}$$

となる．よって，(2.5), (2.6) と定理 2.13 の (1) から，

$$\begin{vmatrix} A & \mathbf{0} & B \\ \cdots & a_{ij} & \cdots \\ C & \mathbf{0} & D \end{vmatrix} = (-1)^{n-i}(-1)^{n-j} \begin{vmatrix} A & B & \mathbf{0} \\ C & D & \mathbf{0} \\ \cdots & \cdots & a_{ij} \end{vmatrix}$$

$$= (-1)^{n-i}(-1)^{n-j} a_{ij} \begin{vmatrix} A & B \\ C & D \end{vmatrix}$$

$$= (-1)^{n-i}(-1)^{n-j}(-1)^{2(i+j)} a_{ij} \begin{vmatrix} A & B \\ C & D \end{vmatrix}$$

$$= (-1)^{2n+i+j} a_{ij} \begin{vmatrix} A & B \\ C & D \end{vmatrix}$$

$$= (-1)^{i+j} a_{ij} \begin{vmatrix} A & B \\ C & D \end{vmatrix}$$

となり，結論を得る．ただし，-1 の偶数乗が 1 であることを用いた．

(2) 示すべき等式の左辺を

$$\begin{vmatrix} A & \vdots & B \\ \mathbf{0} & a_{ij} & \mathbf{0} \\ C & \vdots & D \end{vmatrix}$$

と書くことにすると，示すべき等式の右辺は

$$(-1)^{i+j}a_{ij}\begin{vmatrix} A & B \\ C & D \end{vmatrix}$$

と書けるので，(1) の証明と同様にして，

$$\begin{vmatrix} A & \vdots & B \\ \mathbf{0} & a_{ij} & \mathbf{0} \\ C & \vdots & D \end{vmatrix} \overset{\text{定理 2.10 を } n-i \text{ 回}}{=} (-1)^{n-i}\begin{vmatrix} A & \vdots & B \\ C & \vdots & D \\ \mathbf{0} & a_{ij} & \mathbf{0} \end{vmatrix}$$

$$\overset{\text{定理 2.2 を } n-j \text{ 回}}{=} (-1)^{n-i}(-1)^{n-j}\begin{vmatrix} A & B & \vdots \\ C & D & \vdots \\ \mathbf{0} & \mathbf{0} & a_{ij} \end{vmatrix}$$

$$\overset{\text{定理 2.13 の (2)}}{=} (-1)^{n-i}(-1)^{n-j}a_{ij}\begin{vmatrix} A & B \\ C & D \end{vmatrix}$$

$$= (-1)^{i+j}a_{ij}\begin{vmatrix} A & B \\ C & D \end{vmatrix}$$

となり，結論を得る．　□

それでは，余因子展開を紹介しよう．今，n 次正方行列

$$A = \begin{bmatrix} a_{11} & \cdots & a_{1\,j-1} & a_{1j} & a_{1\,j+1} & \cdots & a_{1n} \\ \vdots & & \vdots & \vdots & \vdots & & \vdots \\ a_{i-1\,1} & \cdots & a_{i-1\,j-1} & a_{i-1\,j} & a_{i-1\,j+1} & \cdots & a_{i-1\,n} \\ a_{i1} & \cdots & a_{i\,j-1} & a_{ij} & a_{i\,j+1} & \cdots & a_{in} \\ a_{i+1\,1} & \cdots & a_{i+1\,j-1} & a_{i+1\,j} & a_{i+1\,j+1} & \cdots & a_{i+1\,n} \\ \vdots & & \vdots & \vdots & \vdots & & \vdots \\ a_{n1} & \cdots & a_{n\,j-1} & a_{nj} & a_{n\,j+1} & \cdots & a_{nn} \end{bmatrix} \tag{2.7}$$

から第 i 行と第 j 列を取り除いて得られる $n-1$ 次正方行列を A_{ij} で表すことにする．すなわち，

$$A_{ij} = \begin{bmatrix} a_{11} & \cdots & a_{1\,j-1} & a_{1\,j+1} & \cdots & a_{1n} \\ \vdots & & \vdots & \vdots & & \vdots \\ a_{i-1\,1} & \cdots & a_{i-1\,j-1} & a_{i-1\,j+1} & \cdots & a_{i-1\,n} \\ a_{i+1\,1} & \cdots & a_{i+1\,j-1} & a_{i+1\,j+1} & \cdots & a_{i+1\,n} \\ \vdots & & \vdots & \vdots & & \vdots \\ a_{n1} & \cdots & a_{n\,j-1} & a_{n\,j+1} & \cdots & a_{nn} \end{bmatrix} \tag{2.8}$$

とする．このとき，次の定理が成り立つ．

定理 2.15（余因子展開）

A を (2.7) で定義された n 次正方行列とし，A_{ij} を (2.8) で定義された $n-1$ 次正方行列とする．このとき，以下が成り立つ．

(1) 第 j 列に関する余因子展開

$$|A| = \sum_{i=1}^{n} (-1)^{i+j} a_{ij} |A_{ij}|$$

(2) 第 i 行に関する余因子展開

$$|A| = \sum_{j=1}^{n} (-1)^{i+j} a_{ij} |A_{ij}|$$

証明.

(1)

$$
\begin{bmatrix} a_{1j} \\ a_{2j} \\ \vdots \\ \vdots \\ a_{nj} \end{bmatrix}
=
\begin{bmatrix} a_{1j} \\ 0 \\ \vdots \\ \vdots \\ 0 \end{bmatrix}
+
\begin{bmatrix} 0 \\ a_{2j} \\ 0 \\ \vdots \\ 0 \end{bmatrix}
+ \cdots +
\begin{bmatrix} 0 \\ \vdots \\ \vdots \\ 0 \\ a_{nj} \end{bmatrix}
= \sum_{i=1}^{n}
\begin{bmatrix} 0 \\ \vdots \\ 0 \\ a_{ij} \\ 0 \\ \vdots \\ 0 \end{bmatrix}
$$

なので，定理 2.1 の (1)（列に関する多重線形性）を繰り返し用いることで，

$$
|A| = \sum_{i=1}^{n}
\begin{vmatrix}
a_{11} & \cdots & a_{1\,j-1} & 0 & a_{1\,j+1} & \cdots & a_{1n} \\
\vdots & & \vdots & \vdots & \vdots & & \vdots \\
a_{i-1\,1} & \cdots & a_{i-1\,j-1} & 0 & a_{i-1\,j+1} & \cdots & a_{i-1\,n} \\
a_{i1} & \cdots & a_{i\,j-1} & a_{ij} & a_{i\,j+1} & \cdots & a_{in} \\
a_{i+1\,1} & \cdots & a_{i+1\,j-1} & 0 & a_{i+1\,j+1} & \cdots & a_{i+1\,n} \\
\vdots & & \vdots & \vdots & \vdots & & \vdots \\
a_{n1} & \cdots & a_{n\,j-1} & 0 & a_{n\,j+1} & \cdots & a_{nn}
\end{vmatrix}
$$

となる．よって，定理 2.14 の (1) から，

$$
|A| = \sum_{i=1}^{n} (-1)^{i+j} a_{ij}
\begin{vmatrix}
a_{11} & \cdots & a_{1\,j-1} & a_{1\,j+1} & \cdots & a_{1n} \\
\vdots & & \vdots & \vdots & & \vdots \\
a_{i-1\,1} & \cdots & a_{i-1\,j-1} & a_{i-1\,j+1} & \cdots & a_{i-1\,n} \\
a_{i+1\,1} & \cdots & a_{i+1\,j-1} & a_{i+1\,j+1} & \cdots & a_{i+1\,n} \\
\vdots & & \vdots & \vdots & & \vdots \\
a_{n1} & \cdots & a_{n\,j-1} & a_{n\,j+1} & \cdots & a_{nn}
\end{vmatrix}
= \sum_{i=1}^{n} (-1)^{i+j} a_{ij} |A_{ij}|
$$

を得る．

(2)

$$[a_{i1},\, a_{i2},\, \cdots,\, a_{in}] = [a_{i1},\, 0,\, \cdots,\, 0] + [0,\, a_{i2},\, 0,\, \cdots,\, 0] + \cdots + [0,\, \cdots,\, 0,\, a_{in}]$$
$$= \sum_{j=1}^{n}[0,\, \cdots,\, 0,\, a_{ij},\, 0,\, \cdots,\, 0]$$

なので，定理 2.9 の (1)（行に関する多重線形性）を繰り返し用いることで，

$$|A| = \sum_{j=1}^{n}\begin{vmatrix} a_{11} & \cdots & a_{1\,j-1} & a_{1j} & a_{1\,j+1} & \cdots & a_{1n} \\ \vdots & & \vdots & \vdots & \vdots & & \vdots \\ a_{i-1\,1} & \cdots & a_{i-1\,j-1} & a_{i-1\,j} & a_{i-1\,j+1} & \cdots & a_{i-1\,n} \\ 0 & \cdots & 0 & a_{ij} & 0 & \cdots & 0 \\ a_{i+1\,1} & \cdots & a_{i+1\,j-1} & a_{i+1\,j} & a_{i+1\,j+1} & \cdots & a_{i+1\,n} \\ \vdots & & \vdots & \vdots & \vdots & & \vdots \\ a_{n1} & \cdots & a_{n\,j-1} & a_{nj} & a_{n\,j+1} & \cdots & a_{nn} \end{vmatrix}$$

となる．よって，定理 2.14 の (2) から，

$$|A| = \sum_{j=1}^{n}(-1)^{i+j}a_{ij}\begin{vmatrix} a_{11} & \cdots & a_{1\,j-1} & a_{1\,j+1} & \cdots & a_{1n} \\ \vdots & & \vdots & \vdots & & \vdots \\ a_{i-1\,1} & \cdots & a_{i-1\,j-1} & a_{i-1\,j+1} & \cdots & a_{i-1\,n} \\ a_{i+1\,1} & \cdots & a_{i+1\,j-1} & a_{i+1\,j+1} & \cdots & a_{i+1\,n} \\ \vdots & & \vdots & \vdots & & \vdots \\ a_{n1} & \cdots & a_{n\,j-1} & a_{n\,j+1} & \cdots & a_{nn} \end{vmatrix} = \sum_{j=1}^{n}(-1)^{i+j}a_{ij}\,|A_{ij}|$$

を得る．　□

注意　$(-1)^{i+j}\,|A_{ij}|$ は，A の **(i, j) 余因子** と呼ばれている．また，定理 2.15 を Σ を用いずに書くと，

$$|A| = (-1)^{1+j}a_{1j}\,|A_{1j}| + (-1)^{2+j}a_{2j}\,|A_{2j}| + \cdots + (-1)^{n+j}a_{nj}\,|A_{nj}| \qquad (j\text{ 列で展開})$$
$$|A| = (-1)^{i+1}a_{i1}\,|A_{i1}| + (-1)^{i+2}a_{i2}\,|A_{i2}| + \cdots + (-1)^{i+n}a_{in}\,|A_{in}| \qquad (i\text{ 行で展開})$$

となる．なお，本書では，第 j 列に関する余因子展開のことを j 列で展開と書き，第 i 行に関する余因子展開のことを i 行で展開と書く．

例

$$\begin{vmatrix} a_{11} & a_{12} & a_{13} \\ a_{21} & a_{22} & a_{23} \\ a_{31} & a_{32} & a_{33} \end{vmatrix}$$
$$\overset{1\text{ 列で展開}}{=} (-1)^{1+1}a_{11}\begin{vmatrix} a_{22} & a_{23} \\ a_{32} & a_{33} \end{vmatrix} + (-1)^{2+1}a_{21}\begin{vmatrix} a_{12} & a_{13} \\ a_{32} & a_{33} \end{vmatrix} + (-1)^{3+1}a_{31}\begin{vmatrix} a_{12} & a_{13} \\ a_{22} & a_{23} \end{vmatrix}$$

$$
= \quad a_{11} \begin{vmatrix} a_{22} & a_{23} \\ a_{32} & a_{33} \end{vmatrix} - a_{21} \begin{vmatrix} a_{12} & a_{13} \\ a_{32} & a_{33} \end{vmatrix} + a_{31} \begin{vmatrix} a_{12} & a_{13} \\ a_{22} & a_{23} \end{vmatrix}
$$

であり,

$$
\begin{vmatrix} a_{11} & a_{12} & a_{13} \\ a_{21} & a_{22} & a_{23} \\ a_{31} & a_{32} & a_{33} \end{vmatrix}
$$

$$
\overset{2\,行で展開}{=} (-1)^{2+1}a_{21} \begin{vmatrix} a_{12} & a_{13} \\ a_{32} & a_{33} \end{vmatrix} + (-1)^{2+2}a_{22} \begin{vmatrix} a_{11} & a_{13} \\ a_{31} & a_{33} \end{vmatrix} + (-1)^{2+3}a_{23} \begin{vmatrix} a_{11} & a_{12} \\ a_{31} & a_{32} \end{vmatrix}
$$

$$
= \quad -a_{21} \begin{vmatrix} a_{12} & a_{13} \\ a_{32} & a_{33} \end{vmatrix} + a_{22} \begin{vmatrix} a_{11} & a_{13} \\ a_{31} & a_{33} \end{vmatrix} - a_{23} \begin{vmatrix} a_{11} & a_{12} \\ a_{31} & a_{32} \end{vmatrix}
$$

である. また, $\begin{vmatrix} 1 & 2 & 3 \\ 4 & 5 & 6 \\ 7 & 8 & 9 \end{vmatrix}$ の各列及び各行に関する余因子展開は,

$$
\begin{vmatrix} 1 & 2 & 3 \\ 4 & 5 & 6 \\ 7 & 8 & 9 \end{vmatrix} \overset{1\,列で展開}{=} 1 \begin{vmatrix} 5 & 6 \\ 8 & 9 \end{vmatrix} - 4 \begin{vmatrix} 2 & 3 \\ 8 & 9 \end{vmatrix} + 7 \begin{vmatrix} 2 & 3 \\ 5 & 6 \end{vmatrix}
$$

$$
\begin{vmatrix} 1 & 2 & 3 \\ 4 & 5 & 6 \\ 7 & 8 & 9 \end{vmatrix} \overset{2\,列で展開}{=} -2 \begin{vmatrix} 4 & 6 \\ 7 & 9 \end{vmatrix} + 5 \begin{vmatrix} 1 & 3 \\ 7 & 9 \end{vmatrix} - 8 \begin{vmatrix} 1 & 3 \\ 4 & 6 \end{vmatrix}
$$

$$
\begin{vmatrix} 1 & 2 & 3 \\ 4 & 5 & 6 \\ 7 & 8 & 9 \end{vmatrix} \overset{3\,列で展開}{=} 3 \begin{vmatrix} 4 & 5 \\ 7 & 8 \end{vmatrix} - 6 \begin{vmatrix} 1 & 2 \\ 7 & 8 \end{vmatrix} + 9 \begin{vmatrix} 1 & 2 \\ 4 & 5 \end{vmatrix}
$$

$$
\begin{vmatrix} 1 & 2 & 3 \\ 4 & 5 & 6 \\ 7 & 8 & 9 \end{vmatrix} \overset{1\,行で展開}{=} 1 \begin{vmatrix} 5 & 6 \\ 8 & 9 \end{vmatrix} - 2 \begin{vmatrix} 4 & 6 \\ 7 & 9 \end{vmatrix} + 3 \begin{vmatrix} 4 & 5 \\ 7 & 8 \end{vmatrix}
$$

$$
\begin{vmatrix} 1 & 2 & 3 \\ 4 & 5 & 6 \\ 7 & 8 & 9 \end{vmatrix} \overset{2\,行で展開}{=} -4 \begin{vmatrix} 2 & 3 \\ 8 & 9 \end{vmatrix} + 5 \begin{vmatrix} 1 & 3 \\ 7 & 9 \end{vmatrix} - 6 \begin{vmatrix} 1 & 2 \\ 7 & 8 \end{vmatrix}
$$

$$
\begin{vmatrix} 1 & 2 & 3 \\ 4 & 5 & 6 \\ 7 & 8 & 9 \end{vmatrix} \overset{3\,行で展開}{=} 7 \begin{vmatrix} 2 & 3 \\ 5 & 6 \end{vmatrix} - 8 \begin{vmatrix} 1 & 3 \\ 4 & 6 \end{vmatrix} + 9 \begin{vmatrix} 1 & 2 \\ 4 & 5 \end{vmatrix}
$$

となる.　■

例題 2.1 次の行列式の値を求めよ.

$$(1)\begin{vmatrix} 5 & -7 & 2 \\ 0 & 4 & 9 \\ 0 & 3 & 6 \end{vmatrix} \qquad (2)\begin{vmatrix} 7 & 9 & 3 \\ 5 & 1 & 2 \\ 0 & 8 & 0 \end{vmatrix} \qquad (3)\begin{vmatrix} 2 & 1 & 4 \\ 0 & 3 & -8 \\ 6 & 5 & 9 \end{vmatrix}$$

解答

(1)

$$\begin{vmatrix} 5 & -7 & 2 \\ 0 & 4 & 9 \\ 0 & 3 & 6 \end{vmatrix} \overset{1\,列で展開}{=} (-1)^{1+1}\cdot 5\begin{vmatrix} 4 & 9 \\ 3 & 6 \end{vmatrix} = 5\cdot(4\cdot6-9\cdot3) = -15$$

(2)

$$\begin{vmatrix} 7 & 9 & 3 \\ 5 & 1 & 2 \\ 0 & 8 & 0 \end{vmatrix} \overset{3\,行で展開}{=} (-1)^{3+2}\cdot 8\begin{vmatrix} 7 & 3 \\ 5 & 2 \end{vmatrix} = -8\cdot(7\cdot2-3\cdot5) = 8$$

(3)

$$\begin{vmatrix} 2 & 1 & 4 \\ 0 & 3 & -8 \\ 6 & 5 & 9 \end{vmatrix} \overset{1\,列で展開}{=} (-1)^{1+1}\cdot 2\begin{vmatrix} 3 & -8 \\ 5 & 9 \end{vmatrix} + (-1)^{3+1}\cdot 6\begin{vmatrix} 1 & 4 \\ 3 & -8 \end{vmatrix}$$

$$= 2\cdot\{3\cdot9-(-8)\cdot5\} + 6\cdot\{1\cdot(-8)-4\cdot3\}$$

$$= 134 - 120$$

$$= 14$$

である. あるいは,

$$\begin{vmatrix} 2 & 1 & 4 \\ 0 & 3 & -8 \\ 6 & 5 & 9 \end{vmatrix} \overset{3\,行+1\,行\times(-3)}{=} \begin{vmatrix} 2 & 1 & 4 \\ 0 & 3 & -8 \\ 0 & 2 & -3 \end{vmatrix} \overset{1\,列で展開}{=} (-1)^{1+1}\cdot 2\begin{vmatrix} 3 & -8 \\ 2 & -3 \end{vmatrix}$$

$$= 2\cdot\{3\cdot(-3)-(-8)\cdot2\}$$

$$= 14$$

としてもよいし,

$$\begin{vmatrix} 2 & 1 & 4 \\ 0 & 3 & -8 \\ 6 & 5 & 9 \end{vmatrix} \overset{2\,行で展開}{=} (-1)^{2+2}\cdot 3\begin{vmatrix} 2 & 4 \\ 6 & 9 \end{vmatrix} + (-1)^{2+3}\cdot(-8)\begin{vmatrix} 2 & 1 \\ 6 & 5 \end{vmatrix}$$

$$= 3\cdot(2\cdot9-4\cdot6) + 8\cdot(2\cdot5-1\cdot6)$$

$$= -18 + 32$$

$$= 14$$

としてもよい.　■

> **問題 2.1**　次の行列式の値を求めよ.
> $$(1) \begin{vmatrix} 0 & -2 & 0 \\ 1 & 6 & 3 \\ -5 & 4 & 8 \end{vmatrix} \quad (2) \begin{vmatrix} 4 & -9 & 0 \\ 6 & 1 & -3 \\ 2 & 7 & 0 \end{vmatrix} \quad (3) \begin{vmatrix} 6 & 7 & 3 \\ 5 & 0 & 1 \\ -4 & 9 & 2 \end{vmatrix}$$

解答

(1)

$$\begin{vmatrix} 0 & -2 & 0 \\ 1 & 6 & 3 \\ -5 & 4 & 8 \end{vmatrix} \overset{1\,\text{行で展開}}{=} (-1)^{1+2} \cdot (-2) \begin{vmatrix} 1 & 3 \\ -5 & 8 \end{vmatrix} = 2 \cdot \{1 \cdot 8 - 3 \cdot (-5)\} = 46$$

(2)

$$\begin{vmatrix} 4 & -9 & 0 \\ 6 & 1 & -3 \\ 2 & 7 & 0 \end{vmatrix} \overset{3\,\text{列で展開}}{=} (-1)^{2+3} \cdot (-3) \begin{vmatrix} 4 & -9 \\ 2 & 7 \end{vmatrix} = 3 \cdot \{4 \cdot 7 - (-9) \cdot 2\} = 138$$

(3)

$$\begin{aligned} \begin{vmatrix} 6 & 7 & 3 \\ 5 & 0 & 1 \\ -4 & 9 & 2 \end{vmatrix} \overset{2\,\text{行で展開}}{=}\ & (-1)^{2+1} \cdot 5 \begin{vmatrix} 7 & 3 \\ 9 & 2 \end{vmatrix} + (-1)^{2+3} \cdot 1 \begin{vmatrix} 6 & 7 \\ -4 & 9 \end{vmatrix} \\ =\ & -5 \cdot (7 \cdot 2 - 3 \cdot 9) - \{6 \cdot 9 - 7 \cdot (-4)\} \\ =\ & 65 - 82 \\ =\ & -17 \end{aligned}$$

である. あるいは,

$$\begin{aligned} \begin{vmatrix} 6 & 7 & 3 \\ 5 & 0 & 1 \\ -4 & 9 & 2 \end{vmatrix} \overset{1\,\text{列}+3\,\text{列} \times (-5)}{=}\ & \begin{vmatrix} -9 & 7 & 3 \\ 0 & 0 & 1 \\ -14 & 9 & 2 \end{vmatrix} \overset{2\,\text{行で展開}}{=} (-1)^{2+3} \cdot 1 \begin{vmatrix} -9 & 7 \\ -14 & 9 \end{vmatrix} \\ =\ & -\{(-9) \cdot 9 - 7 \cdot (-14)\} \\ =\ & -17 \end{aligned}$$

としてもよいし,

$$\begin{vmatrix} 6 & 7 & 3 \\ 5 & 0 & 1 \\ -4 & 9 & 2 \end{vmatrix} \overset{2\,\text{列で展開}}{=} (-1)^{1+2} \cdot 7 \begin{vmatrix} 5 & 1 \\ -4 & 2 \end{vmatrix} + (-1)^{3+2} \cdot 9 \begin{vmatrix} 6 & 3 \\ 5 & 1 \end{vmatrix}.$$

$$= \quad -7 \cdot \{5 \cdot 2 - 1 \cdot (-4)\} - 9 \cdot (6 \cdot 1 - 3 \cdot 5)$$

$$= \quad -98 + 81$$

$$= \quad -17$$

としてもよい. ■

例題 2.2   次の行列式の値を求めよ.

$$
(1) \quad \begin{vmatrix} 999 & 998 & 997 \\ 996 & 995 & 994 \\ 993 & 992 & 990 \end{vmatrix}
\qquad
(2) \quad \begin{vmatrix} 0 & 0 & 2 & 0 \\ 3 & 8 & -9 & 5 \\ 0 & -4 & 7 & 0 \\ 6 & 1 & -8 & -7 \end{vmatrix}
$$

解答

(1)

$$
\begin{vmatrix} 999 & 998 & 997 \\ 996 & 995 & 994 \\ 993 & 992 & 990 \end{vmatrix}
\overset{1\,列+2\,列\times(-1)}{=}
\begin{vmatrix} 1 & 998 & 997 \\ 1 & 995 & 994 \\ 1 & 992 & 990 \end{vmatrix}
\overset{2\,列+3\,列\times(-1)}{=}
\begin{vmatrix} 1 & 1 & 997 \\ 1 & 1 & 994 \\ 1 & 2 & 990 \end{vmatrix}
$$

$$
\overset{1\,行+2\,行\times(-1)}{=}
\begin{vmatrix} 0 & 0 & 3 \\ 1 & 1 & 994 \\ 1 & 2 & 990 \end{vmatrix}
$$

$$
\overset{1\,行で展開}{=} \quad (-1)^{1+3} \cdot 3 \begin{vmatrix} 1 & 1 \\ 1 & 2 \end{vmatrix}
$$

$$
= \quad 3 \cdot (1 \cdot 2 - 1 \cdot 1)
$$

$$
= \quad 3
$$

(2)

$$
\begin{vmatrix} 0 & 0 & 2 & 0 \\ 3 & 8 & -9 & 5 \\ 0 & -4 & 7 & 0 \\ 6 & 1 & -8 & -7 \end{vmatrix}
\overset{1\,行で展開}{=} \quad (-1)^{1+3} \cdot 2 \begin{vmatrix} 3 & 8 & 5 \\ 0 & -4 & 0 \\ 6 & 1 & -7 \end{vmatrix}
$$

$$
\overset{2\,行で展開}{=} \quad 2 \cdot (-1)^{2+2} \cdot (-4) \begin{vmatrix} 3 & 5 \\ 6 & -7 \end{vmatrix}
$$

$$
= \quad -8 \cdot \{3 \cdot (-7) - 5 \cdot 6\}
$$

$$
= \quad 408 \quad ■
$$

> **問題 2.2** 次の行列式の値を求めよ.
>
> $$(1) \quad \begin{vmatrix} 1 & 103 & 106 \\ 101 & 104 & 107 \\ 102 & 105 & 108 \end{vmatrix} \qquad (2) \quad \begin{vmatrix} -1 & 0 & 9 & 2 \\ 8 & 0 & -2 & 0 \\ 5 & 4 & 3 & -7 \\ 6 & 0 & 1 & 0 \end{vmatrix}$$

解答

(1)

$$\begin{vmatrix} 1 & 103 & 106 \\ 101 & 104 & 107 \\ 102 & 105 & 108 \end{vmatrix} \underset{3\,\text{行}+2\,\text{行}\times(-1)}{=} \begin{vmatrix} 1 & 103 & 106 \\ 101 & 104 & 107 \\ 1 & 1 & 1 \end{vmatrix} \underset{2\,\text{行}+1\,\text{行}\times(-1)}{=} \begin{vmatrix} 1 & 103 & 106 \\ 100 & 1 & 1 \\ 1 & 1 & 1 \end{vmatrix}$$

$$\underset{3\,\text{列}+2\,\text{列}\times(-1)}{=} \begin{vmatrix} 1 & 103 & 3 \\ 100 & 1 & 0 \\ 1 & 1 & 0 \end{vmatrix}$$

$$\underset{3\,\text{列で展開}}{=} (-1)^{1+3} \cdot 3 \begin{vmatrix} 100 & 1 \\ 1 & 1 \end{vmatrix}$$

$$= 3 \cdot (100 \cdot 1 - 1 \cdot 1)$$

$$= 297$$

(2)

$$\begin{vmatrix} -1 & 0 & 9 & 2 \\ 8 & 0 & -2 & 0 \\ 5 & 4 & 3 & -7 \\ 6 & 0 & 1 & 0 \end{vmatrix} \underset{2\,\text{列で展開}}{=} (-1)^{3+2} \cdot 4 \begin{vmatrix} -1 & 9 & 2 \\ 8 & -2 & 0 \\ 6 & 1 & 0 \end{vmatrix}$$

$$\underset{3\,\text{列で展開}}{=} (-4) \cdot (-1)^{1+3} \cdot 2 \begin{vmatrix} 8 & -2 \\ 6 & 1 \end{vmatrix}$$

$$= -8 \cdot \{8 \cdot 1 - (-2) \cdot 6\}$$

$$= -160 \quad \blacksquare$$

2−4．クラメルの公式

第 1 章で 2 元及び 3 元連立 1 次方程式のクラメルの公式（定理 1.1 及び定理 1.4）を述べたが，この節では，n 元連立 1 次方程式のクラメルの公式を述べる．

定理 2.16（n 元連立 1 次方程式のクラメルの公式）

$A = \begin{bmatrix} a_{11} & a_{12} & \cdots & a_{1n} \\ a_{21} & a_{22} & \cdots & a_{2n} \\ \vdots & \vdots & \ddots & \vdots \\ a_{n1} & a_{n2} & \cdots & a_{nn} \end{bmatrix}$ とし，$|A| \neq 0$ であるとする．このとき，$x_1, x_2, \cdots, x_n$ を未知数とする

n 元連立 1 次方程式

$$\begin{cases} a_{11}x_1 + a_{12}x_2 + \cdots + a_{1n}x_n = d_1 \\ a_{21}x_1 + a_{22}x_2 + \cdots + a_{2n}x_n = d_2 \\ \qquad \cdots\cdots \\ a_{n1}x_1 + a_{n2}x_2 + \cdots + a_{nn}x_n = d_n \end{cases} \tag{2.9}$$

の解はただ 1 つ存在し，

$$x_1 = \frac{\begin{vmatrix} d_1 & a_{12} & \cdots & a_{1n} \\ d_2 & a_{22} & \cdots & a_{2n} \\ \vdots & \vdots & & \vdots \\ d_n & a_{n2} & \cdots & a_{nn} \end{vmatrix}}{|A|}, \quad x_2 = \frac{\begin{vmatrix} a_{11} & d_1 & \cdots & a_{1n} \\ a_{21} & d_2 & \cdots & a_{2n} \\ \vdots & \vdots & & \vdots \\ a_{n1} & d_n & \cdots & a_{nn} \end{vmatrix}}{|A|}, \quad \cdots, \quad x_n = \frac{\begin{vmatrix} a_{11} & a_{12} & \cdots & d_1 \\ a_{21} & a_{22} & \cdots & d_2 \\ \vdots & \vdots & & \vdots \\ a_{n1} & a_{n2} & \cdots & d_n \end{vmatrix}}{|A|}$$

で与えられる（x_j の分子は，A の第 j 列を $\begin{bmatrix} d_1 \\ d_2 \\ \vdots \\ d_n \end{bmatrix}$ に置き換えた行列の行列式である）．

証明.   まず，(2.9) は

$$A \begin{bmatrix} x_1 \\ x_2 \\ \vdots \\ x_n \end{bmatrix} = \begin{bmatrix} d_1 \\ d_2 \\ \vdots \\ d_n \end{bmatrix}$$

とも書けることに注意する．また，$|A| \neq 0$ という仮定と定理 2.8 から，A^{-1} が存在し，$AA^{-1} = E$ である．よって，

$$\begin{bmatrix} x_1 \\ x_2 \\ \vdots \\ x_n \end{bmatrix} = A^{-1} \begin{bmatrix} d_1 \\ d_2 \\ \vdots \\ d_n \end{bmatrix}$$

は (2.9) の解である．従って，(2.9) に解が存在することがまず証明された．次に，$x_1, x_2, \cdots, x_n$ を (2.9) の解とすると，各 $i\,(i = 1, 2, \cdots, n)$ に対して，$a_{i1}x_1 + a_{i2}x_2 + \cdots + a_{in}x_n = d_i$，すなわち，$\displaystyle\sum_{j=1}^{n} a_{ij}x_j = d_i$ な

ので，

$$
\begin{vmatrix} d_1 & a_{12} & \cdots & a_{1n} \\ d_2 & a_{22} & \cdots & a_{2n} \\ \vdots & \vdots & & \vdots \\ d_n & a_{n2} & \cdots & a_{nn} \end{vmatrix} = \begin{vmatrix} \sum_{j=1}^{n} a_{1j}x_j & a_{12} & \cdots & a_{1n} \\ \sum_{j=1}^{n} a_{2j}x_j & a_{22} & \cdots & a_{2n} \\ \vdots & \vdots & & \vdots \\ \sum_{j=1}^{n} a_{nj}x_j & a_{n2} & \cdots & a_{nn} \end{vmatrix}
$$

$$
\overset{\text{定理 2.1 の (1)}}{=} \sum_{j=1}^{n} \begin{vmatrix} a_{1j}x_j & a_{12} & \cdots & a_{1n} \\ a_{2j}x_j & a_{22} & \cdots & a_{2n} \\ \vdots & \vdots & & \vdots \\ a_{nj}x_j & a_{n2} & \cdots & a_{nn} \end{vmatrix}
$$

$$
\overset{\text{定理 2.1 の (2)}}{=} \sum_{j=1}^{n} x_j \begin{vmatrix} a_{1j} & a_{12} & \cdots & a_{1n} \\ a_{2j} & a_{22} & \cdots & a_{2n} \\ \vdots & \vdots & & \vdots \\ a_{nj} & a_{n2} & \cdots & a_{nn} \end{vmatrix}
$$

$$
\overset{\text{定理 2.3}}{=} x_1 \begin{vmatrix} a_{11} & a_{12} & \cdots & a_{1n} \\ a_{21} & a_{22} & \cdots & a_{2n} \\ \vdots & \vdots & & \vdots \\ a_{n1} & a_{n2} & \cdots & a_{nn} \end{vmatrix}
$$

$$
= x_1 |A|
$$

となる．よって，$|A| \neq 0$ という仮定から，

$$
x_1 = \frac{\begin{vmatrix} d_1 & a_{12} & \cdots & a_{1n} \\ d_2 & a_{22} & \cdots & a_{2n} \\ \vdots & \vdots & & \vdots \\ d_n & a_{n2} & \cdots & a_{nn} \end{vmatrix}}{|A|}
$$

を得る．x_2 から x_n に関しても同様である．以上から，(2.9) の解はただ 1 つ存在し，結論を得る． □

例題 **2.3**　　クラメルの公式を用いて次の連立 1 次方程式の解を求めよ.

$$\begin{cases} 4x_1 - 3x_2 = -5 \\ 9x_1 - x_2 + x_3 = 0 \\ 3x_1 + x_3 = -3 \end{cases}$$

解答

$$\begin{vmatrix} 4 & -3 & 0 \\ 9 & -1 & 1 \\ 3 & 0 & 1 \end{vmatrix} \overset{1\,行で展開}{=} 4 \begin{vmatrix} -1 & 1 \\ 0 & 1 \end{vmatrix} + 3 \begin{vmatrix} 9 & 1 \\ 3 & 1 \end{vmatrix} = 14 \neq 0$$

なので, クラメルの公式を適用することができ, 求める解は

$$x_1 = \dfrac{\begin{vmatrix} -5 & -3 & 0 \\ 0 & -1 & 1 \\ -3 & 0 & 1 \end{vmatrix}}{14}, \qquad x_2 = \dfrac{\begin{vmatrix} 4 & -5 & 0 \\ 9 & 0 & 1 \\ 3 & -3 & 1 \end{vmatrix}}{14}, \qquad x_3 = \dfrac{\begin{vmatrix} 4 & -3 & -5 \\ 9 & -1 & 0 \\ 3 & 0 & -3 \end{vmatrix}}{14}$$

である. ここで,

$$\begin{vmatrix} -5 & -3 & 0 \\ 0 & -1 & 1 \\ -3 & 0 & 1 \end{vmatrix} \overset{1\,列で展開}{=} -5 \begin{vmatrix} -1 & 1 \\ 0 & 1 \end{vmatrix} - 3 \begin{vmatrix} -3 & 0 \\ -1 & 1 \end{vmatrix} = 14,$$

$$\begin{vmatrix} 4 & -5 & 0 \\ 9 & 0 & 1 \\ 3 & -3 & 1 \end{vmatrix} \overset{1\,行で展開}{=} 4 \begin{vmatrix} 0 & 1 \\ -3 & 1 \end{vmatrix} + 5 \begin{vmatrix} 9 & 1 \\ 3 & 1 \end{vmatrix} = 42,$$

$$\begin{vmatrix} 4 & -3 & -5 \\ 9 & -1 & 0 \\ 3 & 0 & -3 \end{vmatrix} \overset{3\,列で展開}{=} -5 \begin{vmatrix} 9 & -1 \\ 3 & 0 \end{vmatrix} - 3 \begin{vmatrix} 4 & -3 \\ 9 & -1 \end{vmatrix} = -84$$

である. 以上から, 求める解は

$$x_1 = 1, \qquad x_2 = 3, \qquad x_3 = -6$$

である.　■

問題 2.3 クラメルの公式を用いて次の連立 1 次方程式の解を求めよ.

$$\begin{cases} 8x_1 + x_2 + 5x_3 - 6x_4 = 0 \\ -x_2 - 2x_3 = 1 \\ x_2 - x_4 = 4 \\ x_3 + 3x_4 = 0 \end{cases}$$

解答

$$\begin{vmatrix} 8 & 1 & 5 & -6 \\ 0 & -1 & -2 & 0 \\ 0 & 1 & 0 & -1 \\ 0 & 0 & 1 & 3 \end{vmatrix} \overset{1\,列で展開}{=} 8\begin{vmatrix} -1 & -2 & 0 \\ 1 & 0 & -1 \\ 0 & 1 & 3 \end{vmatrix} \overset{1\,列で展開}{=} 8\left(-\begin{vmatrix} 0 & -1 \\ 1 & 3 \end{vmatrix} - \begin{vmatrix} -2 & 0 \\ 1 & 3 \end{vmatrix} \right) = 40 \neq 0$$

なので, クラメルの公式を適用することができ, 求める解は,

$$x_1 = \frac{\begin{vmatrix} 0 & 1 & 5 & -6 \\ 1 & -1 & -2 & 0 \\ 4 & 1 & 0 & -1 \\ 0 & 0 & 1 & 3 \end{vmatrix}}{40}, \quad x_2 = \frac{\begin{vmatrix} 8 & 0 & 5 & -6 \\ 0 & 1 & -2 & 0 \\ 0 & 4 & 0 & -1 \\ 0 & 0 & 1 & 3 \end{vmatrix}}{40}, \quad x_3 = \frac{\begin{vmatrix} 8 & 1 & 0 & -6 \\ 0 & -1 & 1 & 0 \\ 0 & 1 & 4 & -1 \\ 0 & 0 & 0 & 3 \end{vmatrix}}{40},$$

$$x_4 = \frac{\begin{vmatrix} 8 & 1 & 5 & 0 \\ 0 & -1 & -2 & 1 \\ 0 & 1 & 0 & 4 \\ 0 & 0 & 1 & 0 \end{vmatrix}}{40}$$

である. ここで,

$$\begin{vmatrix} 0 & 1 & 5 & -6 \\ 1 & -1 & -2 & 0 \\ 4 & 1 & 0 & -1 \\ 0 & 0 & 1 & 3 \end{vmatrix} \overset{3\,行+2\,行\times(-4)}{=} \begin{vmatrix} 0 & 1 & 5 & -6 \\ 1 & -1 & -2 & 0 \\ 0 & 5 & 8 & -1 \\ 0 & 0 & 1 & 3 \end{vmatrix} \overset{1\,列で展開}{=} -\begin{vmatrix} 1 & 5 & -6 \\ 5 & 8 & -1 \\ 0 & 1 & 3 \end{vmatrix}$$

$$\overset{1\,列で展開}{=} -\left(\begin{vmatrix} 8 & -1 \\ 1 & 3 \end{vmatrix} - 5\begin{vmatrix} 5 & -6 \\ 1 & 3 \end{vmatrix} \right)$$

$$= 80,$$

$$\begin{vmatrix} 8 & 0 & 5 & -6 \\ 0 & 1 & -2 & 0 \\ 0 & 4 & 0 & -1 \\ 0 & 0 & 1 & 3 \end{vmatrix} \overset{1\,列で展開}{=} 8\begin{vmatrix} 1 & -2 & 0 \\ 4 & 0 & -1 \\ 0 & 1 & 3 \end{vmatrix} \overset{1\,列で展開}{=} 8\left(\begin{vmatrix} 0 & -1 \\ 1 & 3 \end{vmatrix} - 4\begin{vmatrix} -2 & 0 \\ 1 & 3 \end{vmatrix} \right) = 200,$$

$$\begin{vmatrix} 8 & 1 & 0 & -6 \\ 0 & -1 & 1 & 0 \\ 0 & 1 & 4 & -1 \\ 0 & 0 & 0 & 3 \end{vmatrix} \overset{1\,列で展開}{=} 8\begin{vmatrix} -1 & 1 & 0 \\ 1 & 4 & -1 \\ 0 & 0 & 3 \end{vmatrix} \overset{3\,行で展開}{=} 8 \cdot 3\begin{vmatrix} -1 & 1 \\ 1 & 4 \end{vmatrix} = -120,$$

$$\begin{vmatrix} 8 & 1 & 5 & 0 \\ 0 & -1 & -2 & 1 \\ 0 & 1 & 0 & 4 \\ 0 & 0 & 1 & 0 \end{vmatrix} \underset{=}{\scriptstyle 1\,\text{列で展開}} 8 \begin{vmatrix} -1 & -2 & 1 \\ 1 & 0 & 4 \\ 0 & 1 & 0 \end{vmatrix} \underset{=}{\scriptstyle 3\,\text{行で展開}} 8 \cdot (-1) \begin{vmatrix} -1 & 1 \\ 1 & 4 \end{vmatrix} = 40$$

である．以上から，求める解は，

$$x_1 = 2, \qquad x_2 = 5, \qquad x_3 = -3, \qquad x_4 = 1$$

である． ∎

第3章　固有値と固有ベクトル

　第4章以降では，正方行列の対角化や対角化の応用について解説するが，正方行列を対角化する際には，固有値や固有ベクトルという概念が必要になる．そこで，この章では，固有値と固有ベクトルについて解説する．

3−1．固有値と固有ベクトルの定義

　まず，固有値と固有ベクトルの定義を述べる．

> **定義 3.1**
>
> A を n 次正方行列とする．複素数 λ と零ベクトルでない n 次列ベクトル $\boldsymbol{x}$ が
>
> $$A\boldsymbol{x} = \lambda\boldsymbol{x}$$
>
> を満たすとき，λ を A の **固有値** といい，$\boldsymbol{x}$ を固有値 λ に対する A の **固有ベクトル** という．

定義 3.1 より，

$$\lambda が A の固有値 \iff A\boldsymbol{x} = \lambda\boldsymbol{x} を満たす \boldsymbol{x} \neq \boldsymbol{0} が存在する$$

$$\iff \lambda\boldsymbol{x} - A\boldsymbol{x} = \boldsymbol{0} を満たす \boldsymbol{x} \neq \boldsymbol{0} が存在する$$

$$\iff \lambda E\boldsymbol{x} - A\boldsymbol{x} = \boldsymbol{0} を満たす \boldsymbol{x} \neq \boldsymbol{0} が存在する$$

$$\iff (\lambda E - A)\boldsymbol{x} = \boldsymbol{0} を満たす \boldsymbol{x} \neq \boldsymbol{0} が存在する$$

である．また，

$$(\lambda E - A)\boldsymbol{x} = \boldsymbol{0} を満たす \boldsymbol{x} \neq \boldsymbol{0} が存在する \iff |\lambda E - A| = 0$$

である（証明は省略するが，定理 2.8 などから従う）．以上から，

$$\lambda が A の固有値 \iff |\lambda E - A| = 0$$

である．ここで，λ に関する多項式 $|\lambda E - A|$ を A の **固有多項式** という．また，λ に関する方程式 $|\lambda E - A| = 0$ を A の **固有方程式** という．従って，A の固有方程式を満たす λ が A の固有値である．

さて,

$$A = \begin{bmatrix} a_{11} & a_{12} & \cdots & a_{1n} \\ a_{21} & a_{22} & \cdots & a_{2n} \\ \vdots & \vdots & \ddots & \vdots \\ a_{n1} & a_{n2} & \cdots & a_{nn} \end{bmatrix}$$

に対して

$$|\lambda E - A| = \begin{vmatrix} \lambda - a_{11} & -a_{12} & \cdots & -a_{1n} \\ -a_{21} & \lambda - a_{22} & \cdots & -a_{2n} \\ \vdots & \vdots & \ddots & \vdots \\ -a_{n1} & -a_{n2} & \cdots & \lambda - a_{nn} \end{vmatrix}$$

なので, 行列式の定義から, n 次正方行列 A の固有方程式が λ に関する n 次方程式であることが証明できる (証明は省略する). また, 代数学の基本定理と呼ばれる定理から, n 次方程式は複素数の範囲で重複も込めてちょうど n 個の解をもつことがわかっている. 以上のことから, n 次正方行列 A の固有方程式 $|\lambda E - A| = 0$ の相異なる解を $\lambda_1, \lambda_2, \cdots, \lambda_r$ とする (従って, $r \leqq n$ である) と,

$$|\lambda E - A| = (\lambda - \lambda_1)^{n_1}(\lambda - \lambda_2)^{n_2} \cdots (\lambda - \lambda_r)^{n_r}$$

と表すことができ, $n_1 + n_2 + \cdots + n_r = n$ が成り立つ. このとき, 各 i $(i = 1, 2, \cdots, r)$ に対して λ_i が固有値であり, n_i を固有値 λ_i の**重複度**という.

注意　本書では, 固有方程式が実数解のみをもつ問題 (すなわち, すべての固有値が実数である問題) だけを考えることにする.

注意　それぞれの固有値に対して固有ベクトルは無限個存在する. 実際, x が固有値 λ に対する A の固有ベクトルのとき, すなわち, $x \neq 0$ が $Ax = \lambda x$ を満たしているとき, 0 以外の任意定数 c に対して, $cx \neq 0$ であり, かつ

$$A(cx) = c(Ax) = c(\lambda x) = \lambda(cx)$$

である. 従って, cx も固有値 λ に対する A の固有ベクトルである.

3−2. 固有値と固有ベクトルの求め方

固有値と固有ベクトルを求める際には, 以下のように, 最初に固有値を求めて, 次に固有ベクトルを求めればよい.

固有値と固有ベクトルの求め方

A を n 次正方行列とする.

(1) 固有方程式 $|\lambda E - A| = 0$ を解いて，固有値を求める.

(2) (1) で求めた相異なる固有値を $\lambda_1, \lambda_2, \cdots, \lambda_r$ とするとき，各 i $(i = 1, 2, \cdots, r)$ に対して，連立 1 次方程式 $(\lambda_i E - A)\boldsymbol{x} = \boldsymbol{0}$ を解いて，固有ベクトルを求める．ただし，$\boldsymbol{x} = \boldsymbol{0}$ は固有ベクトルでない.

注意　証明は省略するが，

$$\lambda \text{ が } A \text{ の固有値} \iff |A - \lambda E| = 0$$

でもあるので，固有値を求める際に，$|\lambda E - A| = 0$ の代わりに $|A - \lambda E| = 0$ を解いてもよい．同様に，固有ベクトルを求める際に，$(\lambda_i E - A)\boldsymbol{x} = \boldsymbol{0}$ の代わりに $(A - \lambda_i E)\boldsymbol{x} = \boldsymbol{0}$ を解いてもよい.

それでは，具体的な行列に対して固有値と固有ベクトルを求めてみよう.

例題 3.1　次の行列の固有値と固有ベクトルを求めよ.

$$(1)\ A = \begin{bmatrix} 3 & -4 \\ -1 & 6 \end{bmatrix} \qquad (2)\ B = \begin{bmatrix} 5 & 2 \\ -2 & 1 \end{bmatrix} \qquad (3)\ C = \begin{bmatrix} 5 & 0 \\ 0 & 8 \end{bmatrix}$$

解答

(1) A の固有方程式は

$$|\lambda E - A| = \begin{vmatrix} \lambda - 3 & 4 \\ 1 & \lambda - 6 \end{vmatrix} = (\lambda - 3)(\lambda - 6) - 4 \cdot 1 = \lambda^2 - 9\lambda + 14 = (\lambda - 2)(\lambda - 7) = 0$$

なので，A の固有値は 2 と 7 である．次に，各固有値に対する固有ベクトルを求める.

$$A \begin{bmatrix} x_1 \\ x_2 \end{bmatrix} = 2 \begin{bmatrix} x_1 \\ x_2 \end{bmatrix} \iff (2E - A)\begin{bmatrix} x_1 \\ x_2 \end{bmatrix} = \begin{bmatrix} 0 \\ 0 \end{bmatrix} \iff \begin{bmatrix} -1 & 4 \\ 1 & -4 \end{bmatrix}\begin{bmatrix} x_1 \\ x_2 \end{bmatrix} = \begin{bmatrix} 0 \\ 0 \end{bmatrix}$$

$$\iff \begin{cases} -x_1 + 4x_2 = 0 \\ x_1 - 4x_2 = 0 \end{cases}$$

$$\iff x_1 - 4x_2 = 0$$

より，固有値 2 に対する A の固有ベクトルは，c を 0 以外の任意定数として，$c \begin{bmatrix} 4 \\ 1 \end{bmatrix}$ である．また，

$$A \begin{bmatrix} x_1 \\ x_2 \end{bmatrix} = 7 \begin{bmatrix} x_1 \\ x_2 \end{bmatrix} \iff (7E - A)\begin{bmatrix} x_1 \\ x_2 \end{bmatrix} = \begin{bmatrix} 0 \\ 0 \end{bmatrix} \iff \begin{bmatrix} 4 & 4 \\ 1 & 1 \end{bmatrix}\begin{bmatrix} x_1 \\ x_2 \end{bmatrix} = \begin{bmatrix} 0 \\ 0 \end{bmatrix}$$

$$\iff \begin{cases} 4x_1 + 4x_2 = 0 \\ x_1 + x_2 = 0 \end{cases}$$

$$\iff x_1 + x_2 = 0$$

より，固有値 7 に対する A の固有ベクトルは，c を 0 以外の任意定数として，$c\begin{bmatrix} -1 \\ 1 \end{bmatrix}$ である．

(2) B の固有方程式は

$$|\lambda E - B| = \begin{vmatrix} \lambda - 5 & -2 \\ 2 & \lambda - 1 \end{vmatrix} = (\lambda - 5)(\lambda - 1) - (-2) \cdot 2 = \lambda^2 - 6\lambda + 9 = (\lambda - 3)^2 = 0$$

なので，B の固有値は 3 である．次に，固有値 3 に対する固有ベクトルを求める．

$$B\begin{bmatrix} x_1 \\ x_2 \end{bmatrix} = 3\begin{bmatrix} x_1 \\ x_2 \end{bmatrix} \iff (3E - B)\begin{bmatrix} x_1 \\ x_2 \end{bmatrix} = \begin{bmatrix} 0 \\ 0 \end{bmatrix} \iff \begin{bmatrix} -2 & -2 \\ 2 & 2 \end{bmatrix}\begin{bmatrix} x_1 \\ x_2 \end{bmatrix} = \begin{bmatrix} 0 \\ 0 \end{bmatrix}$$

$$\iff \begin{cases} -2x_1 - 2x_2 = 0 \\ 2x_1 + 2x_2 = 0 \end{cases}$$

$$\iff x_1 + x_2 = 0$$

より，固有値 3 に対する B の固有ベクトルは，c を 0 以外の任意定数として，$c\begin{bmatrix} -1 \\ 1 \end{bmatrix}$ である．

(3) C の固有方程式は

$$|\lambda E - C| = \begin{vmatrix} \lambda - 5 & 0 \\ 0 & \lambda - 8 \end{vmatrix} = (\lambda - 5)(\lambda - 8) - 0^2 = (\lambda - 5)(\lambda - 8) = 0$$

なので，C の固有値は 5 と 8 である．次に，各固有値に対する固有ベクトルを求める．

$$C\begin{bmatrix} x_1 \\ x_2 \end{bmatrix} = 5\begin{bmatrix} x_1 \\ x_2 \end{bmatrix} \iff (5E - C)\begin{bmatrix} x_1 \\ x_2 \end{bmatrix} = \begin{bmatrix} 0 \\ 0 \end{bmatrix} \iff \begin{bmatrix} 0 & 0 \\ 0 & -3 \end{bmatrix}\begin{bmatrix} x_1 \\ x_2 \end{bmatrix} = \begin{bmatrix} 0 \\ 0 \end{bmatrix}$$

$$\iff \begin{cases} 0x_1 + 0x_2 = 0 \\ 0x_1 - 3x_2 = 0 \end{cases}$$

$$\iff x_1 \text{は任意の実数かつ } x_2 = 0$$

より，固有値 5 に対する C の固有ベクトルは，c を 0 以外の任意定数として，$c\begin{bmatrix} 1 \\ 0 \end{bmatrix}$ である．また，

$$C\begin{bmatrix} x_1 \\ x_2 \end{bmatrix} = 8\begin{bmatrix} x_1 \\ x_2 \end{bmatrix} \iff (8E - C)\begin{bmatrix} x_1 \\ x_2 \end{bmatrix} = \begin{bmatrix} 0 \\ 0 \end{bmatrix} \iff \begin{bmatrix} 3 & 0 \\ 0 & 0 \end{bmatrix}\begin{bmatrix} x_1 \\ x_2 \end{bmatrix} = \begin{bmatrix} 0 \\ 0 \end{bmatrix}$$

$$\iff \begin{cases} 3x_1 + 0x_2 = 0 \\ 0x_1 + 0x_2 = 0 \end{cases}$$

$$\iff x_1 = 0 \text{かつ } x_2 \text{は任意の実数}$$

より，固有値 8 に対する C の固有ベクトルは，c を 0 以外の任意定数として，$c\begin{bmatrix} 0 \\ 1 \end{bmatrix}$ である．∎

問題 3.1　　次の行列の固有値と固有ベクトルを求めよ．

(1) $A = \begin{bmatrix} 9 & 6 \\ -8 & -7 \end{bmatrix}$　　(2) $B = \begin{bmatrix} 7 & -1 \\ 1 & 5 \end{bmatrix}$　　(3) $C = \begin{bmatrix} -4 & 0 \\ 0 & -4 \end{bmatrix}$

解答

(1) A の固有方程式は

$$|\lambda E - A| = \begin{vmatrix} \lambda - 9 & -6 \\ 8 & \lambda + 7 \end{vmatrix} = (\lambda - 9)(\lambda + 7) - (-6) \cdot 8 = \lambda^2 - 2\lambda - 15$$
$$= (\lambda + 3)(\lambda - 5) = 0$$

なので，A の固有値は -3 と 5 である．次に，各固有値に対する固有ベクトルを求める．

$$A \begin{bmatrix} x_1 \\ x_2 \end{bmatrix} = -3 \begin{bmatrix} x_1 \\ x_2 \end{bmatrix} \iff (-3E - A) \begin{bmatrix} x_1 \\ x_2 \end{bmatrix} = \begin{bmatrix} 0 \\ 0 \end{bmatrix} \iff \begin{bmatrix} -12 & -6 \\ 8 & 4 \end{bmatrix} \begin{bmatrix} x_1 \\ x_2 \end{bmatrix} = \begin{bmatrix} 0 \\ 0 \end{bmatrix}$$
$$\iff \begin{cases} -12x_1 - 6x_2 = 0 \\ 8x_1 + 4x_2 = 0 \end{cases}$$
$$\iff 2x_1 + x_2 = 0$$

より，固有値 -3 に対する A の固有ベクトルは，c を 0 以外の任意定数として，$c \begin{bmatrix} -1 \\ 2 \end{bmatrix}$ である．また，

$$A \begin{bmatrix} x_1 \\ x_2 \end{bmatrix} = 5 \begin{bmatrix} x_1 \\ x_2 \end{bmatrix} \iff (5E - A) \begin{bmatrix} x_1 \\ x_2 \end{bmatrix} = \begin{bmatrix} 0 \\ 0 \end{bmatrix} \iff \begin{bmatrix} -4 & -6 \\ 8 & 12 \end{bmatrix} \begin{bmatrix} x_1 \\ x_2 \end{bmatrix} = \begin{bmatrix} 0 \\ 0 \end{bmatrix}$$
$$\iff \begin{cases} -4x_1 - 6x_2 = 0 \\ 8x_1 + 12x_2 = 0 \end{cases}$$
$$\iff 2x_1 + 3x_2 = 0$$

より，固有値 5 に対する A の固有ベクトルは，c を 0 以外の任意定数として，$c \begin{bmatrix} -3 \\ 2 \end{bmatrix}$ である．

(2) B の固有方程式は

$$|\lambda E - B| = \begin{vmatrix} \lambda - 7 & 1 \\ -1 & \lambda - 5 \end{vmatrix} = (\lambda - 7)(\lambda - 5) - 1 \cdot (-1) = \lambda^2 - 12\lambda + 36 = (\lambda - 6)^2 = 0$$

なので，B の固有値は 6 である．次に，固有値 6 に対する固有ベクトルを求める．

$$B \begin{bmatrix} x_1 \\ x_2 \end{bmatrix} = 6 \begin{bmatrix} x_1 \\ x_2 \end{bmatrix} \iff (6E - B) \begin{bmatrix} x_1 \\ x_2 \end{bmatrix} = \begin{bmatrix} 0 \\ 0 \end{bmatrix} \iff \begin{bmatrix} -1 & 1 \\ -1 & 1 \end{bmatrix} \begin{bmatrix} x_1 \\ x_2 \end{bmatrix} = \begin{bmatrix} 0 \\ 0 \end{bmatrix}$$
$$\iff \begin{cases} -x_1 + x_2 = 0 \\ -x_1 + x_2 = 0 \end{cases}$$
$$\iff -x_1 + x_2 = 0$$

より，固有値 6 に対する B の固有ベクトルは，c を 0 以外の任意定数として，$c \begin{bmatrix} 1 \\ 1 \end{bmatrix}$ である．

(3) C の固有方程式は

$$|\lambda E - C| = \begin{vmatrix} \lambda + 4 & 0 \\ 0 & \lambda + 4 \end{vmatrix} = (\lambda + 4)^2 - 0^2 = (\lambda + 4)^2 = 0$$

なので，C の固有値は -4 である．次に，固有値 -4 に対する固有ベクトルを求める．

$$C \begin{bmatrix} x_1 \\ x_2 \end{bmatrix} = -4 \begin{bmatrix} x_1 \\ x_2 \end{bmatrix} \iff (-4E - C) \begin{bmatrix} x_1 \\ x_2 \end{bmatrix} = \begin{bmatrix} 0 \\ 0 \end{bmatrix} \iff \begin{bmatrix} 0 & 0 \\ 0 & 0 \end{bmatrix} \begin{bmatrix} x_1 \\ x_2 \end{bmatrix} = \begin{bmatrix} 0 \\ 0 \end{bmatrix}$$

より，固有値 -4 に対する C の固有ベクトルは，c_1, c_2 を $c_1 = c_2 = 0$ 以外の任意定数として，$\begin{bmatrix} c_1 \\ c_2 \end{bmatrix}$

である．あるいは，$c_1 \begin{bmatrix} 1 \\ 0 \end{bmatrix} + c_2 \begin{bmatrix} 0 \\ 1 \end{bmatrix}$ と書いてもよい． ∎

例題 **3.2** 次の行列の固有値と固有ベクトルを求めよ.

(1) $A = \begin{bmatrix} 1 & 0 & 1 \\ 0 & 1 & 2 \\ 2 & -2 & 4 \end{bmatrix}$ (2) $B = \begin{bmatrix} 4 & -1 & -1 \\ -3 & 2 & 1 \\ 0 & 0 & 1 \end{bmatrix}$ (3) $C = \begin{bmatrix} 2 & -1 & 0 \\ 1 & -1 & 1 \\ 5 & 0 & 4 \end{bmatrix}$

(4) $D = \begin{bmatrix} 2 & 9 & 8 \\ 0 & 1 & 1 \\ 0 & -1 & 3 \end{bmatrix}$

解答

(1) A の固有方程式は

$$|\lambda E - A| = \begin{vmatrix} \lambda - 1 & 0 & -1 \\ 0 & \lambda - 1 & -2 \\ -2 & 2 & \lambda - 4 \end{vmatrix}$$

$$\overset{1 \text{列で展開}}{=} (\lambda - 1)\{(\lambda - 1)(\lambda - 4) - (-2) \cdot 2\} + (-2)\{0 \cdot (-2) - (-1)(\lambda - 1)\}$$

$$= (\lambda - 1)(\lambda^2 - 5\lambda + 8 - 2)$$

$$= (\lambda - 1)(\lambda - 2)(\lambda - 3) = 0$$

なので，A の固有値は $1, 2, 3$ である．次に，各固有値に対する固有ベクトルを求める．まず，

$$A\boldsymbol{x} = \boldsymbol{x} \iff (E - A)\boldsymbol{x} = \boldsymbol{0} \iff \begin{bmatrix} 0 & 0 & -1 \\ 0 & 0 & -2 \\ -2 & 2 & -3 \end{bmatrix} \boldsymbol{x} = \boldsymbol{0}$$

であり，掃き出し法により

$$\begin{bmatrix} 0 & 0 & -1 \\ 0 & 0 & -2 \\ -2 & 2 & -3 \end{bmatrix} \xrightarrow{1 \text{行と} 3 \text{行の交換}} \begin{bmatrix} -2 & 2 & -3 \\ 0 & 0 & -2 \\ 0 & 0 & -1 \end{bmatrix} \xrightarrow[2 \text{行} \times (-\frac{1}{2})]{1 \text{行} \times (-\frac{1}{2})} \begin{bmatrix} 1 & -1 & \frac{3}{2} \\ 0 & 0 & 1 \\ 0 & 0 & -1 \end{bmatrix}$$

$$\xrightarrow[\text{3 行+2 行}]{\text{1 行+2 行}\times\left(-\frac{3}{2}\right)} \begin{bmatrix} 1 & -1 & 0 \\ 0 & 0 & 1 \\ 0 & 0 & 0 \end{bmatrix}$$

となるので，固有値 1 に対する A の固有ベクトルは，c を 0 以外の任意定数として，$c\begin{bmatrix} 1 \\ 1 \\ 0 \end{bmatrix}$ である．

また，

$$A\boldsymbol{x}=2\boldsymbol{x} \Longleftrightarrow (2E-A)\boldsymbol{x}=\boldsymbol{0} \Longleftrightarrow \begin{bmatrix} 1 & 0 & -1 \\ 0 & 1 & -2 \\ -2 & 2 & -2 \end{bmatrix}\boldsymbol{x}=\boldsymbol{0}$$

であり，

$$\begin{bmatrix} 1 & 0 & -1 \\ 0 & 1 & -2 \\ -2 & 2 & -2 \end{bmatrix} \xrightarrow{\text{3 行+1 行}\times 2} \begin{bmatrix} 1 & 0 & -1 \\ 0 & 1 & -2 \\ 0 & 2 & -4 \end{bmatrix} \xrightarrow{\text{3 行+2 行}\times(-2)} \begin{bmatrix} 1 & 0 & -1 \\ 0 & 1 & -2 \\ 0 & 0 & 0 \end{bmatrix}$$

となるので，固有値 2 に対する A の固有ベクトルは，c を 0 以外の任意定数として，$c\begin{bmatrix} 1 \\ 2 \\ 1 \end{bmatrix}$ である．

さらに，

$$A\boldsymbol{x}=3\boldsymbol{x} \Longleftrightarrow (3E-A)\boldsymbol{x}=\boldsymbol{0} \Longleftrightarrow \begin{bmatrix} 2 & 0 & -1 \\ 0 & 2 & -2 \\ -2 & 2 & -1 \end{bmatrix}\boldsymbol{x}=\boldsymbol{0}$$

であり，

$$\begin{bmatrix} 2 & 0 & -1 \\ 0 & 2 & -2 \\ -2 & 2 & -1 \end{bmatrix} \xrightarrow{\text{3 行+1 行}} \begin{bmatrix} 2 & 0 & -1 \\ 0 & 2 & -2 \\ 0 & 2 & -2 \end{bmatrix} \xrightarrow{\text{3 行+2 行}\times(-1)} \begin{bmatrix} 2 & 0 & -1 \\ 0 & 2 & -2 \\ 0 & 0 & 0 \end{bmatrix}$$

$$\xrightarrow[\text{2 行}\times\frac{1}{2}]{\text{1 行}\times\frac{1}{2}} \begin{bmatrix} 1 & 0 & -\frac{1}{2} \\ 0 & 1 & -1 \\ 0 & 0 & 0 \end{bmatrix}$$

となるので，固有値 3 に対する A の固有ベクトルは，c を 0 以外の任意定数として，$c\begin{bmatrix} \frac{1}{2} \\ 1 \\ 1 \end{bmatrix}$ である．

あるいは，$c\begin{bmatrix} 1 \\ 2 \\ 2 \end{bmatrix}$ でもよい．

(2) B の固有方程式は

$$|\lambda E-B| = \begin{vmatrix} \lambda-4 & 1 & 1 \\ 3 & \lambda-2 & -1 \\ 0 & 0 & \lambda-1 \end{vmatrix} \overset{\text{3 行で展開}}{=} (\lambda-1)\{(\lambda-4)(\lambda-2)-1\cdot 3\}$$

$$= (\lambda-1)(\lambda^2-6\lambda+5)$$

$$= \quad (\lambda - 1)^2(\lambda - 5) = 0$$

なので，B の固有値は $1, 5$ である．次に，各固有値に対する固有ベクトルを求める．まず，

$$Bx = x \Longleftrightarrow (E - B)x = 0 \Longleftrightarrow \begin{bmatrix} -3 & 1 & 1 \\ 3 & -1 & -1 \\ 0 & 0 & 0 \end{bmatrix} x = 0$$

であり，

$$\begin{bmatrix} -3 & 1 & 1 \\ 3 & -1 & -1 \\ 0 & 0 & 0 \end{bmatrix} \xrightarrow{2\,\text{行}+1\,\text{行}} \begin{bmatrix} -3 & 1 & 1 \\ 0 & 0 & 0 \\ 0 & 0 & 0 \end{bmatrix} \xrightarrow{1\,\text{行}\times(-\frac{1}{3})} \begin{bmatrix} 1 & -\frac{1}{3} & -\frac{1}{3} \\ 0 & 0 & 0 \\ 0 & 0 & 0 \end{bmatrix}$$

となるので，固有値 1 に対する B の固有ベクトルは，c_1, c_2 を $c_1 = c_2 = 0$ 以外の任意定数として，

$$c_1 \begin{bmatrix} \frac{1}{3} \\ 1 \\ 0 \end{bmatrix} + c_2 \begin{bmatrix} \frac{1}{3} \\ 0 \\ 1 \end{bmatrix}$$

である．あるいは，

$$c_1 \begin{bmatrix} 1 \\ 3 \\ 0 \end{bmatrix} + c_2 \begin{bmatrix} 1 \\ 0 \\ 3 \end{bmatrix}$$

でもよい．また，

$$Bx = 5x \Longleftrightarrow (5E - B)x = 0 \Longleftrightarrow \begin{bmatrix} 1 & 1 & 1 \\ 3 & 3 & -1 \\ 0 & 0 & 4 \end{bmatrix} x = 0$$

であり，

$$\begin{bmatrix} 1 & 1 & 1 \\ 3 & 3 & -1 \\ 0 & 0 & 4 \end{bmatrix} \xrightarrow{2\,\text{行}+1\,\text{行}\times(-3)} \begin{bmatrix} 1 & 1 & 1 \\ 0 & 0 & -4 \\ 0 & 0 & 4 \end{bmatrix} \xrightarrow{2\,\text{行}\times(-\frac{1}{4})} \begin{bmatrix} 1 & 1 & 1 \\ 0 & 0 & 1 \\ 0 & 0 & 4 \end{bmatrix}$$

$$\xrightarrow[\substack{3\,\text{行}+2\,\text{行}\times(-4)}]{1\,\text{行}+2\,\text{行}\times(-1)} \begin{bmatrix} 1 & 1 & 0 \\ 0 & 0 & 1 \\ 0 & 0 & 0 \end{bmatrix}$$

となるので，固有値 5 に対する B の固有ベクトルは，c を 0 以外の任意定数として，$c \begin{bmatrix} -1 \\ 1 \\ 0 \end{bmatrix}$ である．

(3) C の固有方程式は

$$|\lambda E - C| \quad = \quad \begin{vmatrix} \lambda - 2 & 1 & 0 \\ -1 & \lambda + 1 & -1 \\ -5 & 0 & \lambda - 4 \end{vmatrix}$$

$$\overset{1\,\text{行で展開}}{=} (\lambda - 2)\{(\lambda + 1)(\lambda - 4) - (-1) \cdot 0\} - 1\{-1(\lambda - 4) - (-1) \cdot (-5)\}$$

$$= (\lambda - 2)(\lambda + 1)(\lambda - 4) + \lambda + 1$$

$$= (\lambda + 1)(\lambda^2 - 6\lambda + 9)$$

$$= (\lambda + 1)(\lambda - 3)^2 = 0$$

なので，C の固有値は $-1, 3$ である．次に，各固有値に対する固有ベクトルを求める．まず，

$$C\boldsymbol{x} = -\boldsymbol{x} \iff (-E - C)\boldsymbol{x} = \boldsymbol{0} \iff \begin{bmatrix} -3 & 1 & 0 \\ -1 & 0 & -1 \\ -5 & 0 & -5 \end{bmatrix} \boldsymbol{x} = \boldsymbol{0}$$

であり，

$$\begin{bmatrix} -3 & 1 & 0 \\ -1 & 0 & -1 \\ -5 & 0 & -5 \end{bmatrix} \xrightarrow{\text{1 行と 2 行の交換}} \begin{bmatrix} -1 & 0 & -1 \\ -3 & 1 & 0 \\ -5 & 0 & -5 \end{bmatrix} \xrightarrow{\text{1 行} \times (-1)} \begin{bmatrix} 1 & 0 & 1 \\ -3 & 1 & 0 \\ -5 & 0 & -5 \end{bmatrix}$$

$$\xrightarrow[\text{3 行}+\text{1 行} \times 5]{\text{2 行}+\text{1 行} \times 3} \begin{bmatrix} 1 & 0 & 1 \\ 0 & 1 & 3 \\ 0 & 0 & 0 \end{bmatrix}$$

となるので，固有値 -1 に対する C の固有ベクトルは，c を 0 以外の任意定数として，$c \begin{bmatrix} -1 \\ -3 \\ 1 \end{bmatrix}$ である．また，

$$C\boldsymbol{x} = 3\boldsymbol{x} \iff (3E - C)\boldsymbol{x} = \boldsymbol{0} \iff \begin{bmatrix} 1 & 1 & 0 \\ -1 & 4 & -1 \\ -5 & 0 & -1 \end{bmatrix} \boldsymbol{x} = \boldsymbol{0}$$

であり，

$$\begin{bmatrix} 1 & 1 & 0 \\ -1 & 4 & -1 \\ -5 & 0 & -1 \end{bmatrix} \xrightarrow[\text{3 行}+\text{1 行} \times 5]{\text{2 行}+\text{1 行}} \begin{bmatrix} 1 & 1 & 0 \\ 0 & 5 & -1 \\ 0 & 5 & -1 \end{bmatrix} \xrightarrow{\text{2 行} \times \frac{1}{5}} \begin{bmatrix} 1 & 1 & 0 \\ 0 & 1 & -\frac{1}{5} \\ 0 & 5 & -1 \end{bmatrix}$$

$$\xrightarrow[\text{3 行}+\text{2 行} \times (-5)]{\text{1 行}+\text{2 行} \times (-1)} \begin{bmatrix} 1 & 0 & \frac{1}{5} \\ 0 & 1 & -\frac{1}{5} \\ 0 & 0 & 0 \end{bmatrix}$$

となるので，固有値 3 に対する C の固有ベクトルは，c を 0 以外の任意定数として，$c \begin{bmatrix} -\frac{1}{5} \\ \frac{1}{5} \\ 1 \end{bmatrix}$ である．あるいは，$c \begin{bmatrix} -1 \\ 1 \\ 5 \end{bmatrix}$ でもよい．

(4) D の固有方程式は

$$|\lambda E - D| = \begin{vmatrix} \lambda - 2 & -9 & -8 \\ 0 & \lambda - 1 & -1 \\ 0 & 1 & \lambda - 3 \end{vmatrix} \overset{\text{1 列で展開}}{=} (\lambda - 2)\{(\lambda - 1)(\lambda - 3) - (-1) \cdot 1\}$$

$$= (\lambda - 2)(\lambda^2 - 4\lambda + 4)$$

$$= (\lambda - 2)^3 = 0$$

なので，D の固有値は 2 である．次に，固有値 2 に対する固有ベクトルを求める．

$$D\boldsymbol{x} = 2\boldsymbol{x} \Longleftrightarrow (2E - D)\boldsymbol{x} = \boldsymbol{0} \Longleftrightarrow \begin{bmatrix} 0 & -9 & -8 \\ 0 & 1 & -1 \\ 0 & 1 & -1 \end{bmatrix} \boldsymbol{x} = \boldsymbol{0}$$

であり，

$$\begin{bmatrix} 0 & -9 & -8 \\ 0 & 1 & -1 \\ 0 & 1 & -1 \end{bmatrix} \xrightarrow{\text{1 行と 2 行の交換}} \begin{bmatrix} 0 & 1 & -1 \\ 0 & -9 & -8 \\ 0 & 1 & -1 \end{bmatrix} \xrightarrow[\text{3 行+1 行×}(-1)]{\text{2 行+1 行×9}} \begin{bmatrix} 0 & 1 & -1 \\ 0 & 0 & -17 \\ 0 & 0 & 0 \end{bmatrix}$$

$$\xrightarrow{\text{2 行×}\left(-\frac{1}{17}\right)} \begin{bmatrix} 0 & 1 & -1 \\ 0 & 0 & 1 \\ 0 & 0 & 0 \end{bmatrix} \xrightarrow{\text{1 行+2 行}} \begin{bmatrix} 0 & 1 & 0 \\ 0 & 0 & 1 \\ 0 & 0 & 0 \end{bmatrix}$$

となるので，固有値 2 に対する D の固有ベクトルは，c を 0 以外の任意定数として，$c \begin{bmatrix} 1 \\ 0 \\ 0 \end{bmatrix}$ である．

∎

問題 3.2　次の行列の固有値と固有ベクトルを求めよ．

(1) $A = \begin{bmatrix} 1 & 0 & -2 \\ 7 & -1 & 8 \\ 1 & 0 & 4 \end{bmatrix}$　　(2) $B = \begin{bmatrix} 2 & 2 & -4 \\ 3 & 1 & -4 \\ 6 & 4 & -9 \end{bmatrix}$　　(3) $C = \begin{bmatrix} -2 & -4 & 2 \\ -5 & -1 & 1 \\ -9 & 9 & -3 \end{bmatrix}$

(4) $D = \begin{bmatrix} -4 & 8 & -5 \\ 0 & 1 & 0 \\ 5 & -2 & 6 \end{bmatrix}$

解答

(1) A の固有方程式は

$$|\lambda E - A| = \begin{vmatrix} \lambda - 1 & 0 & 2 \\ -7 & \lambda + 1 & -8 \\ -1 & 0 & \lambda - 4 \end{vmatrix} \overset{\text{2 列で展開}}{=} (\lambda + 1)\{(\lambda - 1)(\lambda - 4) - 2 \cdot (-1)\}$$

$$= (\lambda + 1)(\lambda^2 - 5\lambda + 6)$$

$$= (\lambda + 1)(\lambda - 2)(\lambda - 3) = 0$$

なので，A の固有値は $-1, 2, 3$ である．次に，各固有値に対する固有ベクトルを求める．まず，

$$Ax = -x \iff (-E - A)x = 0 \iff \begin{bmatrix} -2 & 0 & 2 \\ -7 & 0 & -8 \\ -1 & 0 & -5 \end{bmatrix} x = 0$$

であり，

$$\begin{bmatrix} -2 & 0 & 2 \\ -7 & 0 & -8 \\ -1 & 0 & -5 \end{bmatrix} \xrightarrow[]{1\,行 \times (-\frac{1}{2})} \begin{bmatrix} 1 & 0 & -1 \\ -7 & 0 & -8 \\ -1 & 0 & -5 \end{bmatrix} \xrightarrow[3\,行 + 1\,行]{2\,行 + 1\,行 \times 7} \begin{bmatrix} 1 & 0 & -1 \\ 0 & 0 & -15 \\ 0 & 0 & -6 \end{bmatrix}$$

$$\xrightarrow[]{2\,行 \times (-\frac{1}{15})} \begin{bmatrix} 1 & 0 & -1 \\ 0 & 0 & 1 \\ 0 & 0 & -6 \end{bmatrix} \xrightarrow[3\,行 + 2\,行 \times 6]{1\,行 + 2\,行} \begin{bmatrix} 1 & 0 & 0 \\ 0 & 0 & 1 \\ 0 & 0 & 0 \end{bmatrix}$$

となるので，固有値 -1 に対する A の固有ベクトルは，c を 0 以外の任意定数として，$c \begin{bmatrix} 0 \\ 1 \\ 0 \end{bmatrix}$ である．また，

$$Ax = 2x \iff (2E - A)x = 0 \iff \begin{bmatrix} 1 & 0 & 2 \\ -7 & 3 & -8 \\ -1 & 0 & -2 \end{bmatrix} x = 0$$

であり，

$$\begin{bmatrix} 1 & 0 & 2 \\ -7 & 3 & -8 \\ -1 & 0 & -2 \end{bmatrix} \xrightarrow[3\,行 + 1\,行]{2\,行 + 1\,行 \times 7} \begin{bmatrix} 1 & 0 & 2 \\ 0 & 3 & 6 \\ 0 & 0 & 0 \end{bmatrix} \xrightarrow[]{2\,行 \times \frac{1}{3}} \begin{bmatrix} 1 & 0 & 2 \\ 0 & 1 & 2 \\ 0 & 0 & 0 \end{bmatrix}$$

となるので，固有値 2 に対する A の固有ベクトルは，c を 0 以外の任意定数として，$c \begin{bmatrix} -2 \\ -2 \\ 1 \end{bmatrix}$ である．さらに，

$$Ax = 3x \iff (3E - A)x = 0 \iff \begin{bmatrix} 2 & 0 & 2 \\ -7 & 4 & -8 \\ -1 & 0 & -1 \end{bmatrix} x = 0$$

であり，

$$\begin{bmatrix} 2 & 0 & 2 \\ -7 & 4 & -8 \\ -1 & 0 & -1 \end{bmatrix} \xrightarrow[]{1\,行 \times \frac{1}{2}} \begin{bmatrix} 1 & 0 & 1 \\ -7 & 4 & -8 \\ -1 & 0 & -1 \end{bmatrix} \xrightarrow[3\,行 + 1\,行]{2\,行 + 1\,行 \times 7} \begin{bmatrix} 1 & 0 & 1 \\ 0 & 4 & -1 \\ 0 & 0 & 0 \end{bmatrix} \xrightarrow[]{2\,行 \times \frac{1}{4}} \begin{bmatrix} 1 & 0 & 1 \\ 0 & 1 & -\frac{1}{4} \\ 0 & 0 & 0 \end{bmatrix}$$

となるので，固有値 3 に対する A の固有ベクトルは，c を 0 以外の任意定数として，$c \begin{bmatrix} -1 \\ \frac{1}{4} \\ 1 \end{bmatrix}$ である．あるいは，$c \begin{bmatrix} -4 \\ 1 \\ 4 \end{bmatrix}$ でもよい．

(2) B の固有方程式は

$$|\lambda E - B| = \begin{vmatrix} \lambda - 2 & -2 & 4 \\ -3 & \lambda - 1 & 4 \\ -6 & -4 & \lambda + 9 \end{vmatrix} \overset{1\,行+2\,行\times(-1)}{=} \begin{vmatrix} \lambda + 1 & -\lambda - 1 & 0 \\ -3 & \lambda - 1 & 4 \\ -6 & -4 & \lambda + 9 \end{vmatrix}$$

$$\overset{2\,列+1\,列}{=} \begin{vmatrix} \lambda + 1 & 0 & 0 \\ -3 & \lambda - 4 & 4 \\ -6 & -10 & \lambda + 9 \end{vmatrix}$$

$$\overset{1\,行で展開}{=} (\lambda + 1)\{(\lambda - 4)(\lambda + 9) - 4 \cdot (-10)\}$$

$$= (\lambda + 1)(\lambda^2 + 5\lambda + 4)$$

$$= (\lambda + 1)^2(\lambda + 4) = 0$$

なので，B の固有値は -1, -4 である．次に，各固有値に対する固有ベクトルを求める．まず，

$$B\boldsymbol{x} = -\boldsymbol{x} \Longleftrightarrow (-E - B)\boldsymbol{x} = \boldsymbol{0} \Longleftrightarrow \begin{bmatrix} -3 & -2 & 4 \\ -3 & -2 & 4 \\ -6 & -4 & 8 \end{bmatrix} \boldsymbol{x} = \boldsymbol{0}$$

であり，

$$\begin{bmatrix} -3 & -2 & 4 \\ -3 & -2 & 4 \\ -6 & -4 & 8 \end{bmatrix} \xrightarrow[3\,行+1\,行\times(-2)]{2\,行+1\,行\times(-1)} \begin{bmatrix} -3 & -2 & 4 \\ 0 & 0 & 0 \\ 0 & 0 & 0 \end{bmatrix} \xrightarrow{1\,行\times(-\frac{1}{3})} \begin{bmatrix} 1 & \frac{2}{3} & -\frac{4}{3} \\ 0 & 0 & 0 \\ 0 & 0 & 0 \end{bmatrix}$$

となるので，固有値 -1 に対する B の固有ベクトルは，c_1, c_2 を $c_1 = c_2 = 0$ 以外の任意定数として，

$$c_1 \begin{bmatrix} -\frac{2}{3} \\ 1 \\ 0 \end{bmatrix} + c_2 \begin{bmatrix} \frac{4}{3} \\ 0 \\ 1 \end{bmatrix}$$

である．あるいは，

$$c_1 \begin{bmatrix} -2 \\ 3 \\ 0 \end{bmatrix} + c_2 \begin{bmatrix} 4 \\ 0 \\ 3 \end{bmatrix}$$

でもよい．また，

$$B\boldsymbol{x} = -4\boldsymbol{x} \Longleftrightarrow (-4E - B)\boldsymbol{x} = \boldsymbol{0} \Longleftrightarrow \begin{bmatrix} -6 & -2 & 4 \\ -3 & -5 & 4 \\ -6 & -4 & 5 \end{bmatrix} \boldsymbol{x} = \boldsymbol{0}$$

であり，

$$\begin{bmatrix} -6 & -2 & 4 \\ -3 & -5 & 4 \\ -6 & -4 & 5 \end{bmatrix} \xrightarrow{1\,行\times(-\frac{1}{6})} \begin{bmatrix} 1 & \frac{1}{3} & -\frac{2}{3} \\ -3 & -5 & 4 \\ -6 & -4 & 5 \end{bmatrix} \xrightarrow[3\,行+1\,行\times6]{2\,行+1\,行\times3} \begin{bmatrix} 1 & \frac{1}{3} & -\frac{2}{3} \\ 0 & -4 & 2 \\ 0 & -2 & 1 \end{bmatrix}$$

$$\xrightarrow{2\,行\times(-\frac{1}{4})} \begin{bmatrix} 1 & \frac{1}{3} & -\frac{2}{3} \\ 0 & 1 & -\frac{1}{2} \\ 0 & -2 & 1 \end{bmatrix} \xrightarrow[3\,行+2\,行\times2]{1\,行+2\,行\times(-\frac{1}{3})} \begin{bmatrix} 1 & 0 & -\frac{1}{2} \\ 0 & 1 & -\frac{1}{2} \\ 0 & 0 & 0 \end{bmatrix}$$

となるので，固有値 -4 に対する B の固有ベクトルは，c を 0 以外の任意定数として，$c\begin{bmatrix} \frac{1}{2} \\ \frac{1}{2} \\ 1 \end{bmatrix}$ である．あるいは，$c\begin{bmatrix} 1 \\ 1 \\ 2 \end{bmatrix}$ でもよい．

(3) C の固有方程式は

$$
|\lambda E - C| = \begin{vmatrix} \lambda+2 & 4 & -2 \\ 5 & \lambda+1 & -1 \\ 9 & -9 & \lambda+3 \end{vmatrix} \overset{1 \text{列}+2 \text{列}}{=} \begin{vmatrix} \lambda+6 & 4 & -2 \\ \lambda+6 & \lambda+1 & -1 \\ 0 & -9 & \lambda+3 \end{vmatrix}
$$

$$
\overset{2 \text{行}+1 \text{行}\times(-1)}{=} \begin{vmatrix} \lambda+6 & 4 & -2 \\ 0 & \lambda-3 & 1 \\ 0 & -9 & \lambda+3 \end{vmatrix}
$$

$$
\overset{1 \text{列で展開}}{=} (\lambda+6)\{(\lambda-3)(\lambda+3)-1\cdot(-9)\}
$$

$$
= (\lambda+6)\lambda^2 = 0
$$

なので，C の固有値は $-6, 0$ である．次に，各固有値に対する固有ベクトルを求める．まず，

$$
C\boldsymbol{x} = -6\boldsymbol{x} \iff (-6E-C)\boldsymbol{x} = \boldsymbol{0} \iff \begin{bmatrix} -4 & 4 & -2 \\ 5 & -5 & -1 \\ 9 & -9 & -3 \end{bmatrix} \boldsymbol{x} = \boldsymbol{0}
$$

であり，

$$
\begin{bmatrix} -4 & 4 & -2 \\ 5 & -5 & -1 \\ 9 & -9 & -3 \end{bmatrix} \xrightarrow{1 \text{行}+2 \text{行}} \begin{bmatrix} 1 & -1 & -3 \\ 5 & -5 & -1 \\ 9 & -9 & -3 \end{bmatrix} \xrightarrow[3 \text{行}+1 \text{行}\times(-9)]{2 \text{行}+1 \text{行}\times(-5)} \begin{bmatrix} 1 & -1 & -3 \\ 0 & 0 & 14 \\ 0 & 0 & 24 \end{bmatrix}
$$

$$
\xrightarrow{2 \text{行}\times\frac{1}{14}} \begin{bmatrix} 1 & -1 & -3 \\ 0 & 0 & 1 \\ 0 & 0 & 24 \end{bmatrix} \xrightarrow[3 \text{行}+2 \text{行}\times(-24)]{1 \text{行}+2 \text{行}\times 3} \begin{bmatrix} 1 & -1 & 0 \\ 0 & 0 & 1 \\ 0 & 0 & 0 \end{bmatrix}
$$

となるので，固有値 -6 に対する C の固有ベクトルは，c を 0 以外の任意定数として，$c\begin{bmatrix} 1 \\ 1 \\ 0 \end{bmatrix}$ である．また，

$$
C\boldsymbol{x} = 0\boldsymbol{x} \iff -C\boldsymbol{x} = \boldsymbol{0} \iff \begin{bmatrix} 2 & 4 & -2 \\ 5 & 1 & -1 \\ 9 & -9 & 3 \end{bmatrix} \boldsymbol{x} = \boldsymbol{0}
$$

であり，

$$
\begin{bmatrix} 2 & 4 & -2 \\ 5 & 1 & -1 \\ 9 & -9 & 3 \end{bmatrix} \xrightarrow{1 \text{行}\times\frac{1}{2}} \begin{bmatrix} 1 & 2 & -1 \\ 5 & 1 & -1 \\ 9 & -9 & 3 \end{bmatrix} \xrightarrow[3 \text{行}+1 \text{行}\times(-9)]{2 \text{行}+1 \text{行}\times(-5)} \begin{bmatrix} 1 & 2 & -1 \\ 0 & -9 & 4 \\ 0 & -27 & 12 \end{bmatrix}
$$

$$\xrightarrow[\text{2 行} \times \left(-\frac{1}{9}\right)]{} \begin{bmatrix} 1 & 2 & -1 \\ 0 & 1 & -\frac{4}{9} \\ 0 & -27 & 12 \end{bmatrix} \xrightarrow[\text{3 行+2 行} \times 27]{\text{1 行+2 行} \times (-2)} \begin{bmatrix} 1 & 0 & -\frac{1}{9} \\ 0 & 1 & -\frac{4}{9} \\ 0 & 0 & 0 \end{bmatrix}$$

となるので，固有値 0 に対する C の固有ベクトルは，c を 0 以外の任意定数として，$c \begin{bmatrix} \frac{1}{9} \\ \frac{4}{9} \\ 1 \end{bmatrix}$ である．

あるいは，$c \begin{bmatrix} 1 \\ 4 \\ 9 \end{bmatrix}$ でもよい．

(4) D の固有方程式は

$$|\lambda E - D| = \begin{vmatrix} \lambda+4 & -8 & 5 \\ 0 & \lambda-1 & 0 \\ -5 & 2 & \lambda-6 \end{vmatrix} \overset{\text{2 行で展開}}{=} (\lambda-1)\{(\lambda+4)(\lambda-6)-5\cdot(-5)\}$$

$$= (\lambda-1)(\lambda^2-2\lambda+1)$$

$$= (\lambda-1)^3 = 0$$

なので，D の固有値は 1 である．次に，固有値 1 に対する固有ベクトルを求める．

$$D\boldsymbol{x} = \boldsymbol{x} \iff (E-D)\boldsymbol{x} = \boldsymbol{0} \iff \begin{bmatrix} 5 & -8 & 5 \\ 0 & 0 & 0 \\ -5 & 2 & -5 \end{bmatrix} \boldsymbol{x} = \boldsymbol{0}$$

であり，

$$\begin{bmatrix} 5 & -8 & 5 \\ 0 & 0 & 0 \\ -5 & 2 & -5 \end{bmatrix} \xrightarrow[\text{2 行と 3 行の交換}]{} \begin{bmatrix} 5 & -8 & 5 \\ -5 & 2 & -5 \\ 0 & 0 & 0 \end{bmatrix} \xrightarrow[\text{2 行+1 行}]{} \begin{bmatrix} 5 & -8 & 5 \\ 0 & -6 & 0 \\ 0 & 0 & 0 \end{bmatrix}$$

$$\xrightarrow[\text{2 行} \times \left(-\frac{1}{6}\right)]{} \begin{bmatrix} 5 & -8 & 5 \\ 0 & 1 & 0 \\ 0 & 0 & 0 \end{bmatrix} \xrightarrow[\text{1 行+2 行} \times 8]{} \begin{bmatrix} 5 & 0 & 5 \\ 0 & 1 & 0 \\ 0 & 0 & 0 \end{bmatrix} \xrightarrow[\text{1 行} \times \frac{1}{5}]{} \begin{bmatrix} 1 & 0 & 1 \\ 0 & 1 & 0 \\ 0 & 0 & 0 \end{bmatrix}$$

となるので，固有値 1 に対する D の固有ベクトルは，c を 0 以外の任意定数として，$c \begin{bmatrix} -1 \\ 0 \\ 1 \end{bmatrix}$ である．∎

3−3．補足

n 次正方行列

$$A = \begin{bmatrix} a_{11} & a_{12} & \cdots & a_{1n} \\ a_{21} & a_{22} & \cdots & a_{2n} \\ \vdots & \vdots & \ddots & \vdots \\ a_{n1} & a_{n2} & \cdots & a_{nn} \end{bmatrix}$$

の対角成分の和 $\displaystyle\sum_{i=1}^{n} a_{ii}$ を A の**トレース**といい，$\operatorname{tr} A$ で表す．すなわち，

$$\operatorname{tr} A = \sum_{i=1}^{n} a_{ii} = a_{11} + a_{22} + \cdots + a_{nn}$$

である．このとき，以下の定理が成り立つ（証明は省略する）．

定理 3.1

(1) n 次正方行列 A の固有多項式について，

$$|\lambda E - A| = \lambda^n - (\operatorname{tr} A)\lambda^{n-1} + \cdots + (-1)^n |A|$$

が成り立つ．

(2) n 次正方行列 A の固有値を $\lambda_1, \lambda_2, \cdots, \lambda_n$ とするとき，

$$\lambda_1 + \lambda_2 + \cdots + \lambda_n = \operatorname{tr} A, \qquad \lambda_1 \lambda_2 \cdots \lambda_n = |A|$$

が成り立つ．

注意 定理 3.1 の (2) では，固有値は重複度の分だけ並べて書いている．従って，例えば，固有値 λ_1 の重複度が 2 であれば，$\lambda_1 = \lambda_2$ かつ $\lambda_1 \neq \lambda_i$ $(i = 3, 4, \cdots, n)$ ということである．

第4章　2次正方行列の対角化

この章では，2次正方行列に限定して対角化について解説する.

4－1．2次正方行列の対角化可能の定義とべき乗の求め方

第6章では正方行列の k 乗を計算する必要性が生じるが，正方行列の k 乗を直接計算することは一般には容易でない．しかし，対角行列の k 乗は簡単に計算できる．例えば，A が2次正方行列で対角行列のとき，すなわち，$A = \begin{bmatrix} a & 0 \\ 0 & d \end{bmatrix}$ のとき，

$$A^k = \begin{bmatrix} a^k & 0 \\ 0 & d^k \end{bmatrix}$$

がすべての自然数 k に対して成り立つ（証明はこの章の最後で行う）.

A が対角行列でない場合でも，A の k 乗の計算を対角行列の k 乗の計算に帰着できる場合がある．なぜなら，任意の2次正方行列 A と任意の2次正則行列 P に対して，

$$A^k = P \left(P^{-1} A P \right)^k P^{-1}$$

がすべての自然数 k に対して成り立つ（証明はこの章の最後で行う）ので，もし $P^{-1} A P$ が対角行列になっていれば，A の k 乗の計算を対角行列の k 乗の計算に帰着させることができるのである.

ここで，次の定義を述べておく.

定義 4.1

A を2次正方行列とする．ある2次正則行列 P に対して $P^{-1} A P$ が対角行列になるとき，A は**対角化可能**であるという.

今までの議論をまとめると次のようになる.

┌─ 2 次正方行列の k 乗の求め方 ──────────────────────────

A を 2 次正方行列とする.

(1) $A = \begin{bmatrix} a & 0 \\ 0 & d \end{bmatrix}$ のとき, $A^k = \begin{bmatrix} a^k & 0 \\ 0 & d^k \end{bmatrix}$ である.

(2) A が対角化可能なとき, すなわち, ある 2 次正則行列 P に対して $P^{-1}AP$ が対角行列になるとき, $A^k = P(P^{-1}AP)^k P^{-1}$ であることを利用して, A^k の計算を対角行列 $P^{-1}AP$ の k 乗の計算に帰着させる.

──

このように, A が対角化可能なときには, A^k はある程度簡単に計算できることがわかった. すると, 次の疑問が浮かぶ.

・A が対角化可能なのはどのような場合か？

・A が対角化可能なとき, どのような P に対して $P^{-1}AP$ が対角行列になるか？

これらの疑問に答えるのが次の定理である.

┌─ 定理 4.1 ─────────────────────────────────────

A を 2 次正方行列とする.

(1) A は異なる 2 つの固有値 λ, μ をもつ（すなわち, $\lambda \neq \mu$）とし, $\begin{bmatrix} x_1 \\ x_2 \end{bmatrix}, \begin{bmatrix} y_1 \\ y_2 \end{bmatrix}$ はそれぞれ固有値 λ, μ に対する A の固有ベクトルであるとする. このとき, $P = \begin{bmatrix} x_1 & y_1 \\ x_2 & y_2 \end{bmatrix}$ は正則行列であり,

$$P^{-1}AP = \begin{bmatrix} \lambda & 0 \\ 0 & \mu \end{bmatrix}$$

が成り立つ. 従って, A は対角化可能である.

(2) A が重複度 2 の固有値をもつとき, A が対角化可能であるための必要十分条件は, A が対角行列であることである.

──

注意　定理 4.1 が意味しているのは,「2 次正方行列が対角化可能なのは, 異なる 2 つの固有値をもつとき, または, 最初から対角行列のとき」ということである. なお, 定理 4.1 の証明はこの章の最後で行う.

4－2．2 次正方行列の対角化の方法

この節では, 具体的な 2 次正方行列の対角化について考えていく. まず, $ad - bc \neq 0$ のとき,

$$\begin{bmatrix} a & b \\ c & d \end{bmatrix}^{-1} = \frac{1}{ad - bc} \begin{bmatrix} d & -b \\ -c & a \end{bmatrix}$$

であることに注意しておこう.

例題 4.1 次の行列が対角化可能であるかどうかを答えよ. また, 対角化可能である場合には対角化せよ.

$$(1) \ A = \begin{bmatrix} 3 & -4 \\ -1 & 6 \end{bmatrix} \qquad (2) \ B = \begin{bmatrix} 5 & 2 \\ -2 & 1 \end{bmatrix} \qquad (3) \ C = \begin{bmatrix} 5 & 0 \\ 0 & 8 \end{bmatrix}$$

解答

(1) 例題 3.1 の (1) より, A は異なる 2 つの固有値 2, 7 をもつ. よって, 定理 4.1 の (1) より, A は対角化可能である. 次に, A を対角化する. まず, 例題 3.1 の (1) より, $\begin{bmatrix} 4 \\ 1 \end{bmatrix}, \begin{bmatrix} -1 \\ 1 \end{bmatrix}$ はそれぞれ固有値 2, 7 に対する A の固有ベクトルなので, 定理 4.1 の (1) より, $P = \begin{bmatrix} 4 & -1 \\ 1 & 1 \end{bmatrix}$ は正則行列である. ここで,

$$P^{-1} = \frac{1}{4 \cdot 1 - (-1) \cdot 1} \begin{bmatrix} 1 & 1 \\ -1 & 4 \end{bmatrix} = \frac{1}{5} \begin{bmatrix} 1 & 1 \\ -1 & 4 \end{bmatrix}$$

なので, 定理 4.1 の (1) より,

$$P^{-1}AP = \frac{1}{5} \begin{bmatrix} 1 & 1 \\ -1 & 4 \end{bmatrix} \begin{bmatrix} 3 & -4 \\ -1 & 6 \end{bmatrix} \begin{bmatrix} 4 & -1 \\ 1 & 1 \end{bmatrix} = \begin{bmatrix} 2 & 0 \\ 0 & 7 \end{bmatrix}$$

となる. あるいは, $Q = \begin{bmatrix} -1 & 4 \\ 1 & 1 \end{bmatrix}$ とすると, Q は正則行列で

$$Q^{-1} = -\frac{1}{5} \begin{bmatrix} 1 & -4 \\ -1 & -1 \end{bmatrix}$$

であり,

$$Q^{-1}AQ = -\frac{1}{5} \begin{bmatrix} 1 & -4 \\ -1 & -1 \end{bmatrix} \begin{bmatrix} 3 & -4 \\ -1 & 6 \end{bmatrix} \begin{bmatrix} -1 & 4 \\ 1 & 1 \end{bmatrix} = \begin{bmatrix} 7 & 0 \\ 0 & 2 \end{bmatrix}$$

となる (A を対角化するための行列は, P や Q 以外にも無数にある).

(2) 例題 3.1 の (2) より, B は重複度 2 の固有値 3 をもつが, B は対角行列ではない. よって, 定理 4.1 の (2) より, B は対角化可能でない.

(3) C は対角行列なので, 対角化可能である. 実際, $E^{-1} = E$ より,

$$E^{-1}CE = ECE = C = \begin{bmatrix} 5 & 0 \\ 0 & 8 \end{bmatrix}$$

となる. なお, E の代わりに aE などを用いても C を対角化できる. ただし, a は 0 以外の任意の実数である. ■

問題 4.1　次の行列が対角化可能であるかどうかを答えよ．また，対角化可能である場合には対角化せよ．

$$(1)\ A = \begin{bmatrix} 9 & 6 \\ -8 & -7 \end{bmatrix} \qquad (2)\ B = \begin{bmatrix} 7 & -1 \\ 1 & 5 \end{bmatrix} \qquad (3)\ C = \begin{bmatrix} -4 & 0 \\ 0 & -4 \end{bmatrix}$$

解答

(1) 問題 3.1 の (1) より，A は異なる 2 つの固有値 $-3, 5$ をもつ．よって，定理 4.1 の (1) より，A は対角化可能である．次に，A を対角化する．まず，問題 3.1 の (1) より，$\begin{bmatrix} -1 \\ 2 \end{bmatrix}, \begin{bmatrix} -3 \\ 2 \end{bmatrix}$ はそれぞれ固有値 $-3, 5$ に対する A の固有ベクトルなので，定理 4.1 の (1) より，$P = \begin{bmatrix} -1 & -3 \\ 2 & 2 \end{bmatrix}$ は正則行列である．ここで，

$$P^{-1} = \frac{1}{(-1) \cdot 2 - (-3) \cdot 2} \begin{bmatrix} 2 & 3 \\ -2 & -1 \end{bmatrix} = \frac{1}{4} \begin{bmatrix} 2 & 3 \\ -2 & -1 \end{bmatrix}$$

なので，定理 4.1 の (1) より，

$$P^{-1}AP = \frac{1}{4} \begin{bmatrix} 2 & 3 \\ -2 & -1 \end{bmatrix} \begin{bmatrix} 9 & 6 \\ -8 & -7 \end{bmatrix} \begin{bmatrix} -1 & -3 \\ 2 & 2 \end{bmatrix} = \begin{bmatrix} -3 & 0 \\ 0 & 5 \end{bmatrix}$$

となる．あるいは，$Q = \begin{bmatrix} -3 & -1 \\ 2 & 2 \end{bmatrix}$ とすると，Q は正則行列で

$$Q^{-1} = -\frac{1}{4} \begin{bmatrix} 2 & 1 \\ -2 & -3 \end{bmatrix}$$

であり，

$$Q^{-1}AQ = -\frac{1}{4} \begin{bmatrix} 2 & 1 \\ -2 & -3 \end{bmatrix} \begin{bmatrix} 9 & 6 \\ -8 & -7 \end{bmatrix} \begin{bmatrix} -3 & -1 \\ 2 & 2 \end{bmatrix} = \begin{bmatrix} 5 & 0 \\ 0 & -3 \end{bmatrix}$$

となる（A を対角化するための行列は，P や Q 以外にも無数にある）．

(2) 問題 3.1 の (2) より，B は重複度 2 の固有値 6 をもつが，B は対角行列ではない．よって，定理 4.1 の (2) より，B は対角化可能でない．

(3) C は対角行列なので，対角化可能である．実際，$E^{-1} = E$ より，

$$E^{-1}CE = ECE = C = \begin{bmatrix} -4 & 0 \\ 0 & -4 \end{bmatrix}$$

となる．なお，E の代わりに aE などを用いても C を対角化できる．ただし，a は 0 以外の任意の実数である．　■

例題 4.2　k を自然数とするとき，次の行列の k 乗を求めよ．

$$(1)\ A = \begin{bmatrix} 3 & -4 \\ -1 & 6 \end{bmatrix} \qquad (2)\ A = \begin{bmatrix} 9 & 6 \\ -8 & -7 \end{bmatrix}$$

解答

(1) 例題 4.1 の (1) より，$P = \begin{bmatrix} 4 & -1 \\ 1 & 1 \end{bmatrix}$ とすると，

$$P^{-1} = \frac{1}{5}\begin{bmatrix} 1 & 1 \\ -1 & 4 \end{bmatrix}, \qquad P^{-1}AP = \begin{bmatrix} 2 & 0 \\ 0 & 7 \end{bmatrix}$$

なので，

$$
\begin{aligned}
A^k = P\left(P^{-1}AP\right)^k P^{-1} &= \begin{bmatrix} 4 & -1 \\ 1 & 1 \end{bmatrix}\begin{bmatrix} 2 & 0 \\ 0 & 7 \end{bmatrix}^k \cdot \left(\frac{1}{5}\begin{bmatrix} 1 & 1 \\ -1 & 4 \end{bmatrix}\right) \\
&= \frac{1}{5}\begin{bmatrix} 4 & -1 \\ 1 & 1 \end{bmatrix}\begin{bmatrix} 2^k & 0 \\ 0 & 7^k \end{bmatrix}\begin{bmatrix} 1 & 1 \\ -1 & 4 \end{bmatrix} \\
&= \frac{1}{5}\begin{bmatrix} 4 \cdot 2^k & -7^k \\ 2^k & 7^k \end{bmatrix}\begin{bmatrix} 1 & 1 \\ -1 & 4 \end{bmatrix} \\
&= \frac{1}{5}\begin{bmatrix} 4 \cdot 2^k + 7^k & 4 \cdot 2^k - 4 \cdot 7^k \\ 2^k - 7^k & 2^k + 4 \cdot 7^k \end{bmatrix}
\end{aligned}
$$

である．あるいは，例題 4.1 の (1) より，$Q = \begin{bmatrix} -1 & 4 \\ 1 & 1 \end{bmatrix}$ とすると，

$$Q^{-1} = -\frac{1}{5}\begin{bmatrix} 1 & -4 \\ -1 & -1 \end{bmatrix}, \qquad Q^{-1}AQ = \begin{bmatrix} 7 & 0 \\ 0 & 2 \end{bmatrix}$$

なので，

$$
\begin{aligned}
A^k = Q\left(Q^{-1}AQ\right)^k Q^{-1} &= \begin{bmatrix} -1 & 4 \\ 1 & 1 \end{bmatrix}\begin{bmatrix} 7 & 0 \\ 0 & 2 \end{bmatrix}^k \cdot \left(-\frac{1}{5}\begin{bmatrix} 1 & -4 \\ -1 & -1 \end{bmatrix}\right) \\
&= -\frac{1}{5}\begin{bmatrix} -1 & 4 \\ 1 & 1 \end{bmatrix}\begin{bmatrix} 7^k & 0 \\ 0 & 2^k \end{bmatrix}\begin{bmatrix} 1 & -4 \\ -1 & -1 \end{bmatrix} \\
&= -\frac{1}{5}\begin{bmatrix} -7^k & 4 \cdot 2^k \\ 7^k & 2^k \end{bmatrix}\begin{bmatrix} 1 & -4 \\ -1 & -1 \end{bmatrix} \\
&= -\frac{1}{5}\begin{bmatrix} -7^k - 4 \cdot 2^k & 4 \cdot 7^k - 4 \cdot 2^k \\ 7^k - 2^k & -4 \cdot 7^k - 2^k \end{bmatrix}
\end{aligned}
$$

となる．

(2) 問題 4.1 の (1) より，$P = \begin{bmatrix} -1 & -3 \\ 2 & 2 \end{bmatrix}$ とすると，

$$P^{-1} = \frac{1}{4}\begin{bmatrix} 2 & 3 \\ -2 & -1 \end{bmatrix}, \qquad P^{-1}AP = \begin{bmatrix} -3 & 0 \\ 0 & 5 \end{bmatrix}$$

なので，

$$\begin{aligned}
A^k = P\left(P^{-1}AP\right)^k P^{-1} &= \begin{bmatrix} -1 & -3 \\ 2 & 2 \end{bmatrix}\begin{bmatrix} -3 & 0 \\ 0 & 5 \end{bmatrix}^k \cdot \left(\frac{1}{4}\begin{bmatrix} 2 & 3 \\ -2 & -1 \end{bmatrix}\right) \\
&= \frac{1}{4}\begin{bmatrix} -1 & -3 \\ 2 & 2 \end{bmatrix}\begin{bmatrix} (-3)^k & 0 \\ 0 & 5^k \end{bmatrix}\begin{bmatrix} 2 & 3 \\ -2 & -1 \end{bmatrix} \\
&= \frac{1}{4}\begin{bmatrix} -(-3)^k & -3 \cdot 5^k \\ 2 \cdot (-3)^k & 2 \cdot 5^k \end{bmatrix}\begin{bmatrix} 2 & 3 \\ -2 & -1 \end{bmatrix} \\
&= \frac{1}{4}\begin{bmatrix} -2 \cdot (-3)^k + 6 \cdot 5^k & -3 \cdot (-3)^k + 3 \cdot 5^k \\ 4 \cdot (-3)^k - 4 \cdot 5^k & 6 \cdot (-3)^k - 2 \cdot 5^k \end{bmatrix}
\end{aligned}$$

である．あるいは，問題 4.1 の (1) より，$Q = \begin{bmatrix} -3 & -1 \\ 2 & 2 \end{bmatrix}$ とすると，

$$Q^{-1} = -\frac{1}{4}\begin{bmatrix} 2 & 1 \\ -2 & -3 \end{bmatrix}, \qquad Q^{-1}AQ = \begin{bmatrix} 5 & 0 \\ 0 & -3 \end{bmatrix}$$

なので，

$$\begin{aligned}
A^k = Q\left(Q^{-1}AQ\right)^k Q^{-1} &= \begin{bmatrix} -3 & -1 \\ 2 & 2 \end{bmatrix}\begin{bmatrix} 5 & 0 \\ 0 & -3 \end{bmatrix}^k \cdot \left(-\frac{1}{4}\begin{bmatrix} 2 & 1 \\ -2 & -3 \end{bmatrix}\right) \\
&= -\frac{1}{4}\begin{bmatrix} -3 & -1 \\ 2 & 2 \end{bmatrix}\begin{bmatrix} 5^k & 0 \\ 0 & (-3)^k \end{bmatrix}\begin{bmatrix} 2 & 1 \\ -2 & -3 \end{bmatrix} \\
&= -\frac{1}{4}\begin{bmatrix} -3 \cdot 5^k & -(-3)^k \\ 2 \cdot 5^k & 2 \cdot (-3)^k \end{bmatrix}\begin{bmatrix} 2 & 1 \\ -2 & -3 \end{bmatrix} \\
&= -\frac{1}{4}\begin{bmatrix} -6 \cdot 5^k + 2 \cdot (-3)^k & -3 \cdot 5^k + 3 \cdot (-3)^k \\ 4 \cdot 5^k - 4 \cdot (-3)^k & 2 \cdot 5^k - 6 \cdot (-3)^k \end{bmatrix}
\end{aligned}$$

となる．　■

問題 4.2　k を自然数とするとき，次の行列の k 乗を求めよ．

$$(1)\ A = \begin{bmatrix} 1 & 2 \\ -1 & 4 \end{bmatrix} \qquad (2)\ B = \begin{bmatrix} 6 & -2 \\ 4 & -3 \end{bmatrix}$$

解答

(1) A の固有方程式は

$$|\lambda E - A| = \begin{vmatrix} \lambda - 1 & -2 \\ 1 & \lambda - 4 \end{vmatrix} = (\lambda - 1)(\lambda - 4) - (-2) \cdot 1 = \lambda^2 - 5\lambda + 6$$
$$= (\lambda - 2)(\lambda - 3) = 0$$

なので，A は異なる 2 つの固有値 2 と 3 をもつ．よって，定理 4.1 の (1) より，A は対角化可能である．次に，A を対角化するために，各固有値に対する固有ベクトルを求める．

$$A \begin{bmatrix} x_1 \\ x_2 \end{bmatrix} = 2 \begin{bmatrix} x_1 \\ x_2 \end{bmatrix} \iff (2E - A) \begin{bmatrix} x_1 \\ x_2 \end{bmatrix} = \begin{bmatrix} 0 \\ 0 \end{bmatrix} \iff \begin{bmatrix} 1 & -2 \\ 1 & -2 \end{bmatrix} \begin{bmatrix} x_1 \\ x_2 \end{bmatrix} = \begin{bmatrix} 0 \\ 0 \end{bmatrix}$$
$$\iff \begin{cases} x_1 - 2x_2 = 0 \\ x_1 - 2x_2 = 0 \end{cases}$$
$$\iff x_1 - 2x_2 = 0$$

より，固有値 2 に対する A の固有ベクトルは，c を 0 以外の任意定数として，$c \begin{bmatrix} 2 \\ 1 \end{bmatrix}$ である．また，

$$A \begin{bmatrix} x_1 \\ x_2 \end{bmatrix} = 3 \begin{bmatrix} x_1 \\ x_2 \end{bmatrix} \iff (3E - A) \begin{bmatrix} x_1 \\ x_2 \end{bmatrix} = \begin{bmatrix} 0 \\ 0 \end{bmatrix} \iff \begin{bmatrix} 2 & -2 \\ 1 & -1 \end{bmatrix} \begin{bmatrix} x_1 \\ x_2 \end{bmatrix} = \begin{bmatrix} 0 \\ 0 \end{bmatrix}$$
$$\iff \begin{cases} 2x_1 - 2x_2 = 0 \\ x_1 - x_2 = 0 \end{cases}$$
$$\iff x_1 - x_2 = 0$$

より，固有値 3 に対する A の固有ベクトルは，c を 0 以外の任意定数として，$c \begin{bmatrix} 1 \\ 1 \end{bmatrix}$ である．従って，定理 4.1 の (1) より，$P = \begin{bmatrix} 2 & 1 \\ 1 & 1 \end{bmatrix}$ は正則行列である．ここで，

$$P^{-1} = \frac{1}{2 \cdot 1 - 1 \cdot 1} \begin{bmatrix} 1 & -1 \\ -1 & 2 \end{bmatrix} = \begin{bmatrix} 1 & -1 \\ -1 & 2 \end{bmatrix}$$

なので，定理 4.1 の (1) より，

$$P^{-1}AP = \begin{bmatrix} 1 & -1 \\ -1 & 2 \end{bmatrix} \begin{bmatrix} 1 & 2 \\ -1 & 4 \end{bmatrix} \begin{bmatrix} 2 & 1 \\ 1 & 1 \end{bmatrix} = \begin{bmatrix} 2 & 0 \\ 0 & 3 \end{bmatrix}$$

となる．以上から，

$$A^k = P \left(P^{-1}AP \right)^k P^{-1} = \begin{bmatrix} 2 & 1 \\ 1 & 1 \end{bmatrix} \begin{bmatrix} 2 & 0 \\ 0 & 3 \end{bmatrix}^k \begin{bmatrix} 1 & -1 \\ -1 & 2 \end{bmatrix}$$
$$= \begin{bmatrix} 2 & 1 \\ 1 & 1 \end{bmatrix} \begin{bmatrix} 2^k & 0 \\ 0 & 3^k \end{bmatrix} \begin{bmatrix} 1 & -1 \\ -1 & 2 \end{bmatrix}$$

$$= \begin{bmatrix} 2 \cdot 2^k & 3^k \\ 2^k & 3^k \end{bmatrix} \begin{bmatrix} 1 & -1 \\ -1 & 2 \end{bmatrix}$$

$$= \begin{bmatrix} 2 \cdot 2^k - 3^k & -2 \cdot 2^k + 2 \cdot 3^k \\ 2^k - 3^k & -2^k + 2 \cdot 3^k \end{bmatrix}$$

である．あるいは，$Q = \begin{bmatrix} 1 & 2 \\ 1 & 1 \end{bmatrix}$ とすると，

$$Q^{-1} = -\begin{bmatrix} 1 & -2 \\ -1 & 1 \end{bmatrix}, \qquad Q^{-1}AQ = \begin{bmatrix} 3 & 0 \\ 0 & 2 \end{bmatrix}$$

なので，

$$A^k = Q \left(Q^{-1}AQ\right)^k Q^{-1} = \begin{bmatrix} 1 & 2 \\ 1 & 1 \end{bmatrix} \begin{bmatrix} 3 & 0 \\ 0 & 2 \end{bmatrix}^k \cdot \left(-\begin{bmatrix} 1 & -2 \\ -1 & 1 \end{bmatrix}\right)$$

$$= -\begin{bmatrix} 1 & 2 \\ 1 & 1 \end{bmatrix} \begin{bmatrix} 3^k & 0 \\ 0 & 2^k \end{bmatrix} \begin{bmatrix} 1 & -2 \\ -1 & 1 \end{bmatrix}$$

$$= -\begin{bmatrix} 3^k & 2 \cdot 2^k \\ 3^k & 2^k \end{bmatrix} \begin{bmatrix} 1 & -2 \\ -1 & 1 \end{bmatrix}$$

$$= -\begin{bmatrix} 3^k - 2 \cdot 2^k & -2 \cdot 3^k + 2 \cdot 2^k \\ 3^k - 2^k & -2 \cdot 3^k + 2^k \end{bmatrix}$$

となる．

(2) B の固有方程式は

$$|\lambda E - B| = \begin{vmatrix} \lambda - 6 & 2 \\ -4 & \lambda + 3 \end{vmatrix} = (\lambda - 6)(\lambda + 3) - 2 \cdot (-4) = \lambda^2 - 3\lambda - 10$$

$$= (\lambda + 2)(\lambda - 5) = 0$$

なので，B は異なる2つの固有値 -2 と 5 をもつ．よって，定理 4.1 の (1) より，B は対角化可能である．次に，B を対角化するために，各固有値に対する固有ベクトルを求める．

$$B \begin{bmatrix} x_1 \\ x_2 \end{bmatrix} = -2 \begin{bmatrix} x_1 \\ x_2 \end{bmatrix} \iff (-2E - B) \begin{bmatrix} x_1 \\ x_2 \end{bmatrix} = \begin{bmatrix} 0 \\ 0 \end{bmatrix} \iff \begin{bmatrix} -8 & 2 \\ -4 & 1 \end{bmatrix} \begin{bmatrix} x_1 \\ x_2 \end{bmatrix} = \begin{bmatrix} 0 \\ 0 \end{bmatrix}$$

$$\iff \begin{cases} -8x_1 + 2x_2 = 0 \\ -4x_1 + x_2 = 0 \end{cases}$$

$$\iff -4x_1 + x_2 = 0$$

より，固有値 -2 に対する B の固有ベクトルは，c を 0 以外の任意定数として，$c \begin{bmatrix} 1 \\ 4 \end{bmatrix}$ である．また，

$$B \begin{bmatrix} x_1 \\ x_2 \end{bmatrix} = 5 \begin{bmatrix} x_1 \\ x_2 \end{bmatrix} \iff (5E - B) \begin{bmatrix} x_1 \\ x_2 \end{bmatrix} = \begin{bmatrix} 0 \\ 0 \end{bmatrix} \iff \begin{bmatrix} -1 & 2 \\ -4 & 8 \end{bmatrix} \begin{bmatrix} x_1 \\ x_2 \end{bmatrix} = \begin{bmatrix} 0 \\ 0 \end{bmatrix}$$

$$\iff \begin{cases} -x_1 + 2x_2 = 0 \\ -4x_1 + 8x_2 = 0 \end{cases}$$

$$\iff -x_1 + 2x_2 = 0$$

より，固有値 5 に対する B の固有ベクトルは，c を 0 以外の任意定数として，$c \begin{bmatrix} 2 \\ 1 \end{bmatrix}$ である．従って，定理 4.1 の (1) より，$P = \begin{bmatrix} 1 & 2 \\ 4 & 1 \end{bmatrix}$ は正則行列である．ここで，

$$P^{-1} = \frac{1}{1 \cdot 1 - 2 \cdot 4} \begin{bmatrix} 1 & -2 \\ -4 & 1 \end{bmatrix} = -\frac{1}{7} \begin{bmatrix} 1 & -2 \\ -4 & 1 \end{bmatrix}$$

なので，定理 4.1 の (1) より，

$$P^{-1}BP = -\frac{1}{7} \begin{bmatrix} 1 & -2 \\ -4 & 1 \end{bmatrix} \begin{bmatrix} 6 & -2 \\ 4 & -3 \end{bmatrix} \begin{bmatrix} 1 & 2 \\ 4 & 1 \end{bmatrix} = \begin{bmatrix} -2 & 0 \\ 0 & 5 \end{bmatrix}$$

となる．以上から，

$$\begin{aligned} B^k = P \left(P^{-1}BP \right)^k P^{-1} &= \begin{bmatrix} 1 & 2 \\ 4 & 1 \end{bmatrix} \begin{bmatrix} -2 & 0 \\ 0 & 5 \end{bmatrix}^k \cdot \left(-\frac{1}{7} \begin{bmatrix} 1 & -2 \\ -4 & 1 \end{bmatrix} \right) \\ &= -\frac{1}{7} \begin{bmatrix} 1 & 2 \\ 4 & 1 \end{bmatrix} \begin{bmatrix} (-2)^k & 0 \\ 0 & 5^k \end{bmatrix} \begin{bmatrix} 1 & -2 \\ -4 & 1 \end{bmatrix} \\ &= -\frac{1}{7} \begin{bmatrix} (-2)^k & 2 \cdot 5^k \\ 4 \cdot (-2)^k & 5^k \end{bmatrix} \begin{bmatrix} 1 & -2 \\ -4 & 1 \end{bmatrix} \\ &= -\frac{1}{7} \begin{bmatrix} (-2)^k - 8 \cdot 5^k & -2 \cdot (-2)^k + 2 \cdot 5^k \\ 4 \cdot (-2)^k - 4 \cdot 5^k & -8 \cdot (-2)^k + 5^k \end{bmatrix} \end{aligned}$$

である．あるいは，$Q = \begin{bmatrix} 2 & 1 \\ 1 & 4 \end{bmatrix}$ とすると，

$$Q^{-1} = \frac{1}{7} \begin{bmatrix} 4 & -1 \\ -1 & 2 \end{bmatrix}, \qquad Q^{-1}BQ = \begin{bmatrix} 5 & 0 \\ 0 & -2 \end{bmatrix}$$

なので，

$$\begin{aligned} B^k = Q \left(Q^{-1}BQ \right)^k Q^{-1} &= \begin{bmatrix} 2 & 1 \\ 1 & 4 \end{bmatrix} \begin{bmatrix} 5 & 0 \\ 0 & -2 \end{bmatrix}^k \cdot \left(\frac{1}{7} \begin{bmatrix} 4 & -1 \\ -1 & 2 \end{bmatrix} \right) \\ &= \frac{1}{7} \begin{bmatrix} 2 & 1 \\ 1 & 4 \end{bmatrix} \begin{bmatrix} 5^k & 0 \\ 0 & (-2)^k \end{bmatrix} \begin{bmatrix} 4 & -1 \\ -1 & 2 \end{bmatrix} \\ &= \frac{1}{7} \begin{bmatrix} 2 \cdot 5^k & (-2)^k \\ 5^k & 4 \cdot (-2)^k \end{bmatrix} \begin{bmatrix} 4 & -1 \\ -1 & 2 \end{bmatrix} \\ &= \frac{1}{7} \begin{bmatrix} 8 \cdot 5^k - (-2)^k & -2 \cdot 5^k + 2 \cdot (-2)^k \\ 4 \cdot 5^k - 4 \cdot (-2)^k & -5^k + 8 \cdot (-2)^k \end{bmatrix} \end{aligned}$$

となる．　∎

４−３．補足（定理の証明）

定理 4.2

$A = \begin{bmatrix} a & 0 \\ 0 & d \end{bmatrix}$ のとき，

$$A^k = \begin{bmatrix} a^k & 0 \\ 0 & d^k \end{bmatrix} \tag{4.1}$$

がすべての自然数 k に対して成り立つ．

証明．　数学的帰納法によって証明する．まず，$k = 1$ のときは (4.1) の成立は明らかである．また，$k = \ell$ のときに (4.1) の成立を仮定すると，

$$A^{\ell+1} = A^\ell A = \begin{bmatrix} a^\ell & 0 \\ 0 & d^\ell \end{bmatrix} \begin{bmatrix} a & 0 \\ 0 & d \end{bmatrix} = \begin{bmatrix} a^\ell a + 0 \cdot 0 & a^\ell \cdot 0 + 0 d \\ 0 a + d^\ell \cdot 0 & 0 \cdot 0 + d^\ell d \end{bmatrix} = \begin{bmatrix} a^{\ell+1} & 0 \\ 0 & d^{\ell+1} \end{bmatrix}$$

となるので，$k = \ell + 1$ のときも (4.1) が成立する．以上から，(4.1) がすべての自然数 k に対して成立する．
□

　次の定理では，A が 2 次正方行列でも n 次正方行列でも証明の流れは完全に同じなので，A を n 次正方行列としておく．

定理 4.3

A を n 次正方行列とし，P を n 次正則行列とする．このとき，

$$A^k = P \left(P^{-1} A P \right)^k P^{-1} \tag{4.2}$$

がすべての自然数 k に対して成り立つ．

証明．　数学的帰納法によって証明する．まず，

$$A = EAE = \left(P P^{-1} \right) A \left(P P^{-1} \right) = P \left(P^{-1} A P \right) P^{-1}$$

なので，$k = 1$ のときは (4.2) が成立する．また，$k = \ell$ のときに (4.2) の成立を仮定すると，

$$\begin{aligned} A^{\ell+1} = A^\ell A &= P \left(P^{-1} A P \right)^\ell P^{-1} P \left(P^{-1} A P \right) P^{-1} = P \left(P^{-1} A P \right)^\ell E \left(P^{-1} A P \right) P^{-1} \\ &= P \left(P^{-1} A P \right)^\ell \left(P^{-1} A P \right) P^{-1} \\ &= P \left(P^{-1} A P \right)^{\ell+1} P^{-1} \end{aligned}$$

となるので，$k = \ell + 1$ のときも (4.2) が成立する．以上から，(4.2) がすべての自然数 k に対して成立する．
$\square$

次に，定理 4.1 の (2) の証明で必要となる以下の定理を示す．

> **定理 4.4**
>
> 2 次正方行列 A と正則行列 $P = \begin{bmatrix} x_1 & y_1 \\ x_2 & y_2 \end{bmatrix}$ に対して，$P^{-1}AP = \begin{bmatrix} \lambda & 0 \\ 0 & \mu \end{bmatrix}$ が成り立つとする．このとき，λ, μ は A の固有値であり，$\begin{bmatrix} x_1 \\ x_2 \end{bmatrix}, \begin{bmatrix} y_1 \\ y_2 \end{bmatrix}$ はそれぞれ固有値 λ, μ に対する A の固有ベクトルである．

証明. $A = \begin{bmatrix} a & b \\ c & d \end{bmatrix}$ とする．まず，$PP^{-1} = E$ より，

$$P^{-1}AP = \begin{bmatrix} \lambda & 0 \\ 0 & \mu \end{bmatrix}$$

の両辺に左から P を掛けると

$$AP = P \begin{bmatrix} \lambda & 0 \\ 0 & \mu \end{bmatrix} \tag{4.3}$$

となる．ここで，

$$AP = \begin{bmatrix} a & b \\ c & d \end{bmatrix} \begin{bmatrix} x_1 & y_1 \\ x_2 & y_2 \end{bmatrix} = \begin{bmatrix} ax_1 + bx_2 & ay_1 + by_2 \\ cx_1 + dx_2 & cy_1 + dy_2 \end{bmatrix} \tag{4.4}$$

と

$$P \begin{bmatrix} \lambda & 0 \\ 0 & \mu \end{bmatrix} = \begin{bmatrix} x_1 & y_1 \\ x_2 & y_2 \end{bmatrix} \begin{bmatrix} \lambda & 0 \\ 0 & \mu \end{bmatrix} = \begin{bmatrix} x_1\lambda & y_1\mu \\ x_2\lambda & y_2\mu \end{bmatrix} \tag{4.5}$$

が成り立つので，(4.3)～(4.5) より，

$$\begin{bmatrix} ax_1 + bx_2 & ay_1 + by_2 \\ cx_1 + dx_2 & cy_1 + dy_2 \end{bmatrix} = \begin{bmatrix} x_1\lambda & y_1\mu \\ x_2\lambda & y_2\mu \end{bmatrix} \tag{4.6}$$

となる．また，

$$A \begin{bmatrix} x_1 \\ x_2 \end{bmatrix} = \begin{bmatrix} a & b \\ c & d \end{bmatrix} \begin{bmatrix} x_1 \\ x_2 \end{bmatrix} = \begin{bmatrix} ax_1 + bx_2 \\ cx_1 + dx_2 \end{bmatrix}, \qquad \begin{bmatrix} x_1\lambda \\ x_2\lambda \end{bmatrix} = \lambda \begin{bmatrix} x_1 \\ x_2 \end{bmatrix} \tag{4.7}$$

と

$$A \begin{bmatrix} y_1 \\ y_2 \end{bmatrix} = \begin{bmatrix} a & b \\ c & d \end{bmatrix} \begin{bmatrix} y_1 \\ y_2 \end{bmatrix} = \begin{bmatrix} ay_1 + by_2 \\ cy_1 + dy_2 \end{bmatrix}, \qquad \begin{bmatrix} y_1\mu \\ y_2\mu \end{bmatrix} = \mu \begin{bmatrix} y_1 \\ y_2 \end{bmatrix} \tag{4.8}$$

も成り立つ．よって，(4.6)～(4.8) より，

$$A \begin{bmatrix} x_1 \\ x_2 \end{bmatrix} = \lambda \begin{bmatrix} x_1 \\ x_2 \end{bmatrix}, \qquad A \begin{bmatrix} y_1 \\ y_2 \end{bmatrix} = \mu \begin{bmatrix} y_1 \\ y_2 \end{bmatrix} \tag{4.9}$$

を得る．さらに，仮定より，P は正則行列なので，定理 2.8 より，$|P| = x_1 y_2 - y_1 x_2 \neq 0$ である．従って，

$$
\begin{bmatrix} x_1 \\ x_2 \end{bmatrix} \neq \begin{bmatrix} 0 \\ 0 \end{bmatrix}, \qquad \begin{bmatrix} y_1 \\ y_2 \end{bmatrix} \neq \begin{bmatrix} 0 \\ 0 \end{bmatrix} \tag{4.10}
$$

となる．よって，(4.9) と (4.10) から，結論を得る． □

それでは，定理 4.1 を証明しよう．

定理 4.1 の証明.

(1) 3 つのステップに分けて証明する．$\boldsymbol{x} = \begin{bmatrix} x_1 \\ x_2 \end{bmatrix}, \boldsymbol{y} = \begin{bmatrix} y_1 \\ y_2 \end{bmatrix}$ とする．

(ステップ 1) $\boldsymbol{y} = k\boldsymbol{x}$ を満たす定数 k が存在しないことの証明．

背理法で示す．そのために，ある定数 k に対して $\boldsymbol{y} = k\boldsymbol{x}$ が成り立つと仮定する．このとき，

$$
\mu \boldsymbol{y} = A\boldsymbol{y} = A(k\boldsymbol{x}) = kA\boldsymbol{x} = k\lambda \boldsymbol{x} = \lambda k\boldsymbol{x} = \lambda \boldsymbol{y}
$$

となるので，$(\lambda - \mu)\boldsymbol{y} = \boldsymbol{0}$ となる．一方，仮定より $\lambda \neq \mu$ であり，また，$\boldsymbol{y}$ は固有ベクトルなので，$\boldsymbol{y} \neq \boldsymbol{0}$ を満たす．従って，$(\lambda - \mu)\boldsymbol{y} \neq \boldsymbol{0}$ が成り立っているので，矛盾が生じる．以上から，$\boldsymbol{y} = k\boldsymbol{x}$ を満たす定数 k は存在しない．

(ステップ 2) $P = \begin{bmatrix} x_1 & y_1 \\ x_2 & y_2 \end{bmatrix}$ が正則行列であることの証明．

定理 2.8 より，P が正則行列であることを示すには，$|P| = x_1 y_2 - y_1 x_2 \neq 0$ が成り立つことを示せばよい．これを背理法で示す．そのために，$x_1 y_2 - y_1 x_2 = 0$ であると仮定する．

(i) $x_1 y_2 - y_1 x_2 = 0$ かつ $x_1 \neq 0$ の場合．

このとき，$y_2 = \dfrac{y_1 x_2}{x_1}$ なので，

$$
\begin{bmatrix} y_1 \\ y_2 \end{bmatrix} = \begin{bmatrix} y_1 \\ \dfrac{y_1 x_2}{x_1} \end{bmatrix} = \frac{y_1}{x_1} \begin{bmatrix} x_1 \\ x_2 \end{bmatrix}
$$

となるが，これはステップ 1 で証明したこと（$\boldsymbol{y} = k\boldsymbol{x}$ を満たす定数 k が存在しないこと）と矛盾する．

(ii) $x_1 y_2 - y_1 x_2 = 0$ かつ $x_1 = 0$ の場合．

このとき，$y_1 x_2 = 0$ である．今，$\begin{bmatrix} x_1 \\ x_2 \end{bmatrix}$ が固有ベクトルであることと $x_1 = 0$ であることから，

$x_2 \neq 0$ である. よって, $y_1 = 0$ なので,

$$\begin{bmatrix} y_1 \\ y_2 \end{bmatrix} = \begin{bmatrix} 0 \\ y_2 \end{bmatrix} = \frac{y_2}{x_2} \begin{bmatrix} 0 \\ x_2 \end{bmatrix} = \frac{y_2}{x_2} \begin{bmatrix} x_1 \\ x_2 \end{bmatrix}$$

となるが, これはステップ1で証明したこと ($\boldsymbol{y} = k\boldsymbol{x}$ を満たす定数 k が存在しないこと) と矛盾する.

以上から, $|P| = x_1 y_2 - y_1 x_2 \neq 0$ であり, 従って, 定理 2.8 より, $P = \begin{bmatrix} x_1 & y_1 \\ x_2 & y_2 \end{bmatrix}$ は正則行列である.

(ステップ3) 証明の完成.

$A = \begin{bmatrix} a & b \\ c & d \end{bmatrix}$ とする. まず, $P = \begin{bmatrix} x_1 & y_1 \\ x_2 & y_2 \end{bmatrix}$ に対して

$$AP = \begin{bmatrix} ax_1 + bx_2 & ay_1 + by_2 \\ cx_1 + dx_2 & cy_1 + dy_2 \end{bmatrix}, \qquad P \begin{bmatrix} \lambda & 0 \\ 0 & \mu \end{bmatrix} = \begin{bmatrix} x_1\lambda & y_1\mu \\ x_2\lambda & y_2\mu \end{bmatrix} \tag{4.11}$$

が成り立つ. また, 仮定より

$$\begin{bmatrix} x_1\lambda \\ x_2\lambda \end{bmatrix} = \lambda \begin{bmatrix} x_1 \\ x_2 \end{bmatrix} = A \begin{bmatrix} x_1 \\ x_2 \end{bmatrix} = \begin{bmatrix} ax_1 + bx_2 \\ cx_1 + dx_2 \end{bmatrix} \tag{4.12}$$

と

$$\begin{bmatrix} y_1\mu \\ y_2\mu \end{bmatrix} = \mu \begin{bmatrix} y_1 \\ y_2 \end{bmatrix} = A \begin{bmatrix} y_1 \\ y_2 \end{bmatrix} = \begin{bmatrix} ay_1 + by_2 \\ cy_1 + dy_2 \end{bmatrix} \tag{4.13}$$

も成り立つ. よって, (4.11)〜(4.13) より,

$$AP = P \begin{bmatrix} \lambda & 0 \\ 0 & \mu \end{bmatrix}$$

となる. ここで, ステップ2で証明したように, P は正則行列なので, 上式の両辺に左から P^{-1} を掛けることで

$$P^{-1}AP = \begin{bmatrix} \lambda & 0 \\ 0 & \mu \end{bmatrix}$$

となり, 従って, A は対角化可能である.

(2) $E^{-1} = E$ なので,

$$E^{-1}AE = EAE = A$$

が成り立つ. よって, A が対角行列のときは, A を対角化するための行列 P として $P = E$ とすればよいので, A は対角化可能である. 従って, 証明すべきことは,「A が重複度2の固有値をもち, かつ A

が対角化可能」ならば「A が対角行列である」ということである．今，A が重複度2の固有値をもち，

かつ A が対角化可能であるとすると，定理4.4より，ある2次正則行列 P と A の固有値 λ に対して

$$P^{-1}AP = \begin{bmatrix} \lambda & 0 \\ 0 & \lambda \end{bmatrix} = \lambda E$$

となる．よって，

$$A = EAE = (PP^{-1})A(PP^{-1}) = P(P^{-1}AP)P^{-1} = P(\lambda E)P^{-1} = \lambda PEP^{-1} = \lambda PP^{-1}$$

$$= \lambda E$$

$$= \begin{bmatrix} \lambda & 0 \\ 0 & \lambda \end{bmatrix}$$

となり，A が対角行列であることが証明された．　　□

第5章　3次及びn次正方行列の対角化

この章では，n次正方行列の対角化について考える．特に，$n = 3$の場合について詳しく解説する．

5−1．n次正方行列の対角化可能の定義とべき乗の求め方

2次正方行列のときと同様だが，まず，n次正方行列に対して対角化可能の定義を述べる．

> **定義 5.1**
>
> Aをn次正方行列とする．あるn次正則行列Pに対して$P^{-1}AP$が対角行列になるとき，Aは**対角化可能**であるという．

2次正方行列のときと同様に，n次正方行列のk乗は次のようにして求めればよい．

> **n次正方行列のk乗の求め方**
>
> Aをn次正方行列とする．
>
> (1) $A = \begin{bmatrix} a_1 & 0 & \cdots & 0 \\ 0 & a_2 & \ddots & \vdots \\ \vdots & \ddots & \ddots & 0 \\ 0 & \cdots & 0 & a_n \end{bmatrix}$ （Aが対角行列）のとき，$A^k = \begin{bmatrix} a_1^k & 0 & \cdots & 0 \\ 0 & a_2^k & \ddots & \vdots \\ \vdots & \ddots & \ddots & 0 \\ 0 & \cdots & 0 & a_n^k \end{bmatrix}$ である．
>
> (2) Aが対角化可能なとき，すなわち，あるn次正則行列Pに対して$P^{-1}AP$が対角行列になるとき，$A^k = P(P^{-1}AP)^k P^{-1}$であることを利用して，$A^k$の計算を対角行列$P^{-1}AP$の$k$乗の計算に帰着させる．

5−2．3次正方行列の対角化

3次正方行列Aが対角化可能であるかどうかは次のように述べることができる．

- $|\lambda E - A| = (\lambda - \lambda_1)(\lambda - \lambda_2)(\lambda - \lambda_3)$（ただし，$\lambda_1 \neq \lambda_2$かつ$\lambda_1 \neq \lambda_3$かつ$\lambda_2 \neq \lambda_3$）のとき，$A$は対角化可能である．

- $|\lambda E - A| = (\lambda - \lambda_1)^2(\lambda - \lambda_2)$（ただし，$\lambda_1 \neq \lambda_2$）のとき，$A$は対角化可能な場合と可能でない場合がある．

・$|\lambda E - A| = (\lambda - \lambda_1)^3$ のとき，A が対角化可能なのは A が最初から対角行列の場合だけである．

より詳しくは，次の定理が成り立つ（証明は省略する）．

定理 5.1

A を 3 次正方行列とする.

(1) A は相異なる 3 つの固有値 $\lambda_1, \lambda_2, \lambda_3$ をもつ（すなわち，$\lambda_1 \neq \lambda_2$ かつ $\lambda_1 \neq \lambda_3$ かつ $\lambda_2 \neq \lambda_3$）と
し，$\begin{bmatrix} x_1 \\ x_2 \\ x_3 \end{bmatrix}, \begin{bmatrix} y_1 \\ y_2 \\ y_3 \end{bmatrix}, \begin{bmatrix} z_1 \\ z_2 \\ z_3 \end{bmatrix}$ はそれぞれ固有値 $\lambda_1, \lambda_2, \lambda_3$ に対する A の固有ベクトルであると
する．このとき，$P = \begin{bmatrix} x_1 & y_1 & z_1 \\ x_2 & y_2 & z_2 \\ x_3 & y_3 & z_3 \end{bmatrix}$ は正則行列であり，

$$P^{-1}AP = \begin{bmatrix} \lambda_1 & 0 & 0 \\ 0 & \lambda_2 & 0 \\ 0 & 0 & \lambda_3 \end{bmatrix}$$

が成り立つ．従って，A は対角化可能である．

(2) A は重複度 2 の固有値 λ_1 と重複度 1 の固有値 λ_2 をもつ（従って，$\lambda_1 \neq \lambda_2$）とし，固有値 λ_1 に
対する A の固有ベクトル全体は

$$c_1 \begin{bmatrix} x_1 \\ x_2 \\ x_3 \end{bmatrix} + c_2 \begin{bmatrix} y_1 \\ y_2 \\ y_3 \end{bmatrix} \qquad (c_1, c_2 \text{ は } c_1 = c_2 = 0 \text{ 以外の任意定数})$$

のように表されるとする．このとき，$\begin{bmatrix} z_1 \\ z_2 \\ z_3 \end{bmatrix}$ を固有値 λ_2 に対する A の固有ベクトルとすると，

$P = \begin{bmatrix} x_1 & y_1 & z_1 \\ x_2 & y_2 & z_2 \\ x_3 & y_3 & z_3 \end{bmatrix}$ は正則行列であり，

$$P^{-1}AP = \begin{bmatrix} \lambda_1 & 0 & 0 \\ 0 & \lambda_1 & 0 \\ 0 & 0 & \lambda_2 \end{bmatrix}$$

が成り立つ．従って，A は対角化可能である．

(3) A は重複度 2 の固有値と重複度 1 の固有値をもち，重複度 2 の固有値に対する A の固有ベクトル
全体は

$$c \begin{bmatrix} x_1 \\ x_2 \\ x_3 \end{bmatrix} \qquad (c \text{ は } 0 \text{ 以外の任意定数})$$

のように表されるとする．このとき，A は対角化可能でない．

(4) A が重複度 3 の固有値をもつとき，A が対角化可能であるための必要十分条件は，A が対角行列
であることである．

注意　定理 5.1 の (2) において，$Q = \begin{bmatrix} z_1 & x_1 & y_1 \\ z_2 & x_2 & y_2 \\ z_3 & x_3 & y_3 \end{bmatrix}$ とすると，Q は正則行列であり，

$$Q^{-1}AQ = \begin{bmatrix} \lambda_2 & 0 & 0 \\ 0 & \lambda_1 & 0 \\ 0 & 0 & \lambda_1 \end{bmatrix}$$

となる．従って，A を対角化するための行列として，P の代わりに Q を選んでもよい．

それでは，具体的な行列の対角化について考えてみよう．

例題 5.1　次の行列が対角化可能であるかどうかを答えよ．また，対角化可能である場合には対角化

せよ．

(1) $A = \begin{bmatrix} 1 & 0 & 1 \\ 0 & 1 & 2 \\ 2 & -2 & 4 \end{bmatrix}$　　(2) $B = \begin{bmatrix} 4 & -1 & -1 \\ -3 & 2 & 1 \\ 0 & 0 & 1 \end{bmatrix}$　　(3) $C = \begin{bmatrix} 2 & -1 & 0 \\ 1 & -1 & 1 \\ 5 & 0 & 4 \end{bmatrix}$

(4) $D = \begin{bmatrix} 2 & 9 & 8 \\ 0 & 1 & 1 \\ 0 & -1 & 3 \end{bmatrix}$

解答

(1) 例題 3.2 の (1) より，A は相異なる 3 つの固有値 $1, 2, 3$ をもつ．よって，定理 5.1 の (1) より，A は対

角化可能である．次に，A を対角化する．まず，例題 3.2 の (1) より，$\begin{bmatrix} 1 \\ 1 \\ 0 \end{bmatrix}, \begin{bmatrix} 1 \\ 2 \\ 1 \end{bmatrix}, \begin{bmatrix} 1 \\ 2 \\ 2 \end{bmatrix}$ はそれ

ぞれ固有値 $1, 2, 3$ に対する A の固有ベクトルなので，定理 5.1 の (1) より，$P = \begin{bmatrix} 1 & 1 & 1 \\ 1 & 2 & 2 \\ 0 & 1 & 2 \end{bmatrix}$ は正則

行列である．ここで，

$$\left[\begin{array}{ccc|ccc} 1 & 1 & 1 & 1 & 0 & 0 \\ 1 & 2 & 2 & 0 & 1 & 0 \\ 0 & 1 & 2 & 0 & 0 & 1 \end{array}\right] \xrightarrow{\text{2 行+1 行×(−1)}} \left[\begin{array}{ccc|ccc} 1 & 1 & 1 & 1 & 0 & 0 \\ 0 & 1 & 1 & -1 & 1 & 0 \\ 0 & 1 & 2 & 0 & 0 & 1 \end{array}\right]$$

$$\xrightarrow[\text{3 行+2 行×(−1)}]{\text{1 行+2 行×(−1)}} \left[\begin{array}{ccc|ccc} 1 & 0 & 0 & 2 & -1 & 0 \\ 0 & 1 & 1 & -1 & 1 & 0 \\ 0 & 0 & 1 & 1 & -1 & 1 \end{array}\right]$$

$$\xrightarrow{\text{2 行+3 行×(−1)}} \left[\begin{array}{ccc|ccc} 1 & 0 & 0 & 2 & -1 & 0 \\ 0 & 1 & 0 & -2 & 2 & -1 \\ 0 & 0 & 1 & 1 & -1 & 1 \end{array}\right]$$

より，$P^{-1} = \begin{bmatrix} 2 & -1 & 0 \\ -2 & 2 & -1 \\ 1 & -1 & 1 \end{bmatrix}$ である．従って，定理 5.1 の (1) より，

$$P^{-1}AP = \begin{bmatrix} 2 & -1 & 0 \\ -2 & 2 & -1 \\ 1 & -1 & 1 \end{bmatrix}\begin{bmatrix} 1 & 0 & 1 \\ 0 & 1 & 2 \\ 2 & -2 & 4 \end{bmatrix}\begin{bmatrix} 1 & 1 & 1 \\ 1 & 2 & 2 \\ 0 & 1 & 2 \end{bmatrix} = \begin{bmatrix} 1 & 0 & 0 \\ 0 & 2 & 0 \\ 0 & 0 & 3 \end{bmatrix}$$

となる（A を対角化するための行列は，P 以外にも無数にある）．

(2) 例題 3.2 の (2) より，B は重複度 2 の固有値 1 と重複度 1 の固有値 5 をもち，重複度 2 の固有値 1 に対する B の固有ベクトルは，c_1, c_2 を $c_1 = c_2 = 0$ 以外の任意定数として，

$$c_1 \begin{bmatrix} 1 \\ 3 \\ 0 \end{bmatrix} + c_2 \begin{bmatrix} 1 \\ 0 \\ 3 \end{bmatrix}$$

である．よって，定理 5.1 の (2) より，B は対角化可能である．次に，B を対角化する．まず，例題 3.2 の (2) より，$\begin{bmatrix} -1 \\ 1 \\ 0 \end{bmatrix}$ は固有値 5 に対する B の固有ベクトルなので，定理 5.1 の (2) より，$P = \begin{bmatrix} 1 & 1 & -1 \\ 3 & 0 & 1 \\ 0 & 3 & 0 \end{bmatrix}$ は正則行列である．ここで，

$$\begin{bmatrix} 1 & 1 & -1 & | & 1 & 0 & 0 \\ 3 & 0 & 1 & | & 0 & 1 & 0 \\ 0 & 3 & 0 & | & 0 & 0 & 1 \end{bmatrix} \xrightarrow{\text{2 行}+\text{1 行}\times(-3)} \begin{bmatrix} 1 & 1 & -1 & | & 1 & 0 & 0 \\ 0 & -3 & 4 & | & -3 & 1 & 0 \\ 0 & 3 & 0 & | & 0 & 0 & 1 \end{bmatrix}$$

$$\xrightarrow{\text{2 行}\times\left(-\frac{1}{3}\right)} \begin{bmatrix} 1 & 1 & -1 & | & 1 & 0 & 0 \\ 0 & 1 & -\frac{4}{3} & | & 1 & -\frac{1}{3} & 0 \\ 0 & 3 & 0 & | & 0 & 0 & 1 \end{bmatrix}$$

$$\xrightarrow[\text{3 行}+\text{2 行}\times(-3)]{\text{1 行}+\text{2 行}\times(-1)} \begin{bmatrix} 1 & 0 & \frac{1}{3} & | & 0 & \frac{1}{3} & 0 \\ 0 & 1 & -\frac{4}{3} & | & 1 & -\frac{1}{3} & 0 \\ 0 & 0 & 4 & | & -3 & 1 & 1 \end{bmatrix}$$

$$\xrightarrow{\text{3 行}\times\frac{1}{4}} \begin{bmatrix} 1 & 0 & \frac{1}{3} & | & 0 & \frac{1}{3} & 0 \\ 0 & 1 & -\frac{4}{3} & | & 1 & -\frac{1}{3} & 0 \\ 0 & 0 & 1 & | & -\frac{3}{4} & \frac{1}{4} & \frac{1}{4} \end{bmatrix}$$

$$\xrightarrow[\text{2 行}+\text{3 行}\times\frac{4}{3}]{\text{1 行}+\text{3 行}\times\left(-\frac{1}{3}\right)} \begin{bmatrix} 1 & 0 & 0 & | & \frac{1}{4} & \frac{1}{4} & -\frac{1}{12} \\ 0 & 1 & 0 & | & 0 & 0 & \frac{1}{3} \\ 0 & 0 & 1 & | & -\frac{3}{4} & \frac{1}{4} & \frac{1}{4} \end{bmatrix}$$

より，

$$P^{-1} = \begin{bmatrix} \frac{1}{4} & \frac{1}{4} & -\frac{1}{12} \\ 0 & 0 & \frac{1}{3} \\ -\frac{3}{4} & \frac{1}{4} & \frac{1}{4} \end{bmatrix} = \frac{1}{12}\begin{bmatrix} 3 & 3 & -1 \\ 0 & 0 & 4 \\ -9 & 3 & 3 \end{bmatrix}$$

である．従って，定理 5.1 の (2) より，

$$P^{-1}BP = \frac{1}{12} \begin{bmatrix} 3 & 3 & -1 \\ 0 & 0 & 4 \\ -9 & 3 & 3 \end{bmatrix} \begin{bmatrix} 4 & -1 & -1 \\ -3 & 2 & 1 \\ 0 & 0 & 1 \end{bmatrix} \begin{bmatrix} 1 & 1 & -1 \\ 3 & 0 & 1 \\ 0 & 3 & 0 \end{bmatrix} = \begin{bmatrix} 1 & 0 & 0 \\ 0 & 1 & 0 \\ 0 & 0 & 5 \end{bmatrix}$$

となる．あるいは，$Q = \begin{bmatrix} -1 & 1 & 1 \\ 1 & 3 & 0 \\ 0 & 0 & 3 \end{bmatrix}$ とすると，Q は正則行列で

$$Q^{-1} = \begin{bmatrix} -\frac{3}{4} & \frac{1}{4} & \frac{1}{4} \\ \frac{1}{4} & \frac{1}{4} & -\frac{1}{12} \\ 0 & 0 & \frac{1}{3} \end{bmatrix} = \frac{1}{12} \begin{bmatrix} -9 & 3 & 3 \\ 3 & 3 & -1 \\ 0 & 0 & 4 \end{bmatrix}$$

であり，

$$Q^{-1}BQ = \frac{1}{12} \begin{bmatrix} -9 & 3 & 3 \\ 3 & 3 & -1 \\ 0 & 0 & 4 \end{bmatrix} \begin{bmatrix} 4 & -1 & -1 \\ -3 & 2 & 1 \\ 0 & 0 & 1 \end{bmatrix} \begin{bmatrix} -1 & 1 & 1 \\ 1 & 3 & 0 \\ 0 & 0 & 3 \end{bmatrix} = \begin{bmatrix} 5 & 0 & 0 \\ 0 & 1 & 0 \\ 0 & 0 & 1 \end{bmatrix}$$

となる（B を対角化するための行列は，P や Q 以外にも無数にある）．

(3) 例題 3.2 の (3) より，C は重複度 2 の固有値 3 と重複度 1 の固有値 –1 をもち，重複度 2 の固有値 3 に対する C の固有ベクトルは，c を 0 以外の任意定数として，$c \begin{bmatrix} -1 \\ 1 \\ 5 \end{bmatrix}$ である．よって，定理 5.1 の (3) より，C は対角化可能でない．

(4) 例題 3.2 の (4) より，D は重複度 3 の固有値 2 をもつが，D は対角行列ではない．よって，定理 5.1 の (4) より，D は対角化可能でない．　■

問題 5.1　次の行列が対角化可能であるかどうかを答えよ．また，対角化可能である場合には対角化せよ．

(1) $A = \begin{bmatrix} 1 & 0 & -2 \\ 7 & -1 & 8 \\ 1 & 0 & 4 \end{bmatrix}$　(2) $B = \begin{bmatrix} 2 & 2 & -4 \\ 3 & 1 & -4 \\ 6 & 4 & -9 \end{bmatrix}$　(3) $C = \begin{bmatrix} -2 & -4 & 2 \\ -5 & -1 & 1 \\ -9 & 9 & -3 \end{bmatrix}$

(4) $D = \begin{bmatrix} -4 & 8 & -5 \\ 0 & 1 & 0 \\ 5 & -2 & 6 \end{bmatrix}$

解答

(1) 問題 3.2 の (1) より，A は相異なる 3 つの固有値 $-1, 2, 3$ をもつ．よって，定理 5.1 の (1) より，A は対角化可能である．次に，A を対角化する．まず，問題 3.2 の (1) より，$\begin{bmatrix} 0 \\ 1 \\ 0 \end{bmatrix}, \begin{bmatrix} -2 \\ -2 \\ 1 \end{bmatrix}, \begin{bmatrix} -4 \\ 1 \\ 4 \end{bmatrix}$ はそれぞれ固有値 $-1, 2, 3$ に対する A の固有ベクトルなので，定理 5.1 の (1) より，$P = \begin{bmatrix} 0 & -2 & -4 \\ 1 & -2 & 1 \\ 0 & 1 & 4 \end{bmatrix}$ は正則行列である．ここで，

$$\left[\begin{array}{ccc|ccc} 0 & -2 & -4 & 1 & 0 & 0 \\ 1 & -2 & 1 & 0 & 1 & 0 \\ 0 & 1 & 4 & 0 & 0 & 1 \end{array}\right] \xrightarrow{\text{1 行と 2 行の交換}} \left[\begin{array}{ccc|ccc} 1 & -2 & 1 & 0 & 1 & 0 \\ 0 & -2 & -4 & 1 & 0 & 0 \\ 0 & 1 & 4 & 0 & 0 & 1 \end{array}\right]$$

$$\xrightarrow{\text{2 行} \times \left(-\frac{1}{2}\right)} \left[\begin{array}{ccc|ccc} 1 & -2 & 1 & 0 & 1 & 0 \\ 0 & 1 & 2 & -\frac{1}{2} & 0 & 0 \\ 0 & 1 & 4 & 0 & 0 & 1 \end{array}\right]$$

$$\xrightarrow[\text{3 行} + \text{2 行} \times (-1)]{\text{1 行} + \text{2 行} \times 2} \left[\begin{array}{ccc|ccc} 1 & 0 & 5 & -1 & 1 & 0 \\ 0 & 1 & 2 & -\frac{1}{2} & 0 & 0 \\ 0 & 0 & 2 & \frac{1}{2} & 0 & 1 \end{array}\right]$$

$$\xrightarrow{\text{3 行} \times \frac{1}{2}} \left[\begin{array}{ccc|ccc} 1 & 0 & 5 & -1 & 1 & 0 \\ 0 & 1 & 2 & -\frac{1}{2} & 0 & 0 \\ 0 & 0 & 1 & \frac{1}{4} & 0 & \frac{1}{2} \end{array}\right]$$

$$\xrightarrow[\text{2 行} + \text{3 行} \times (-2)]{\text{1 行} + \text{3 行} \times (-5)} \left[\begin{array}{ccc|ccc} 1 & 0 & 0 & -\frac{9}{4} & 1 & -\frac{5}{2} \\ 0 & 1 & 0 & -1 & 0 & -1 \\ 0 & 0 & 1 & \frac{1}{4} & 0 & \frac{1}{2} \end{array}\right]$$

より，

$$P^{-1} = \begin{bmatrix} -\frac{9}{4} & 1 & -\frac{5}{2} \\ -1 & 0 & -1 \\ \frac{1}{4} & 0 & \frac{1}{2} \end{bmatrix} = \frac{1}{4}\begin{bmatrix} -9 & 4 & -10 \\ -4 & 0 & -4 \\ 1 & 0 & 2 \end{bmatrix}$$

である．従って，定理 5.1 の (1) より，

$$P^{-1}AP = \frac{1}{4}\begin{bmatrix} -9 & 4 & -10 \\ -4 & 0 & -4 \\ 1 & 0 & 2 \end{bmatrix}\begin{bmatrix} 1 & 0 & -2 \\ 7 & -1 & 8 \\ 1 & 0 & 4 \end{bmatrix}\begin{bmatrix} 0 & -2 & -4 \\ 1 & -2 & 1 \\ 0 & 1 & 4 \end{bmatrix} = \begin{bmatrix} -1 & 0 & 0 \\ 0 & 2 & 0 \\ 0 & 0 & 3 \end{bmatrix}$$

となる（A を対角化するための行列は，P 以外にも無数にある）．

(2) 問題 3.2 の (2) より，B は重複度 2 の固有値 -1 と重複度 1 の固有値 -4 をもち，重複度 2 の固有値 -1 に対する B の固有ベクトルは，c_1, c_2 を $c_1 = c_2 = 0$ 以外の任意定数として，

$$c_1\begin{bmatrix} -2 \\ 3 \\ 0 \end{bmatrix} + c_2\begin{bmatrix} 4 \\ 0 \\ 3 \end{bmatrix}$$

である．よって，定理 5.1 の (2) より，B は対角化可能である．次に，B を対角化する．まず，問題

3.2 の (2) より，$\begin{bmatrix} 1 \\ 1 \\ 2 \end{bmatrix}$ は固有値 -4 に対する B の固有ベクトルなので，定理 5.1 の (2) より，$P =$

$\begin{bmatrix} -2 & 4 & 1 \\ 3 & 0 & 1 \\ 0 & 3 & 2 \end{bmatrix}$ は正則行列である．ここで，

$$
\left[\begin{array}{ccc|ccc} -2 & 4 & 1 & 1 & 0 & 0 \\ 3 & 0 & 1 & 0 & 1 & 0 \\ 0 & 3 & 2 & 0 & 0 & 1 \end{array}\right]
\xrightarrow{\text{1 行}+\text{2 行}}
\left[\begin{array}{ccc|ccc} 1 & 4 & 2 & 1 & 1 & 0 \\ 3 & 0 & 1 & 0 & 1 & 0 \\ 0 & 3 & 2 & 0 & 0 & 1 \end{array}\right]
$$

$$
\xrightarrow{\text{2 行}+\text{1 行}\times(-3)}
\left[\begin{array}{ccc|ccc} 1 & 4 & 2 & 1 & 1 & 0 \\ 0 & -12 & -5 & -3 & -2 & 0 \\ 0 & 3 & 2 & 0 & 0 & 1 \end{array}\right]
$$

$$
\xrightarrow{\text{2 行}\times\left(-\frac{1}{12}\right)}
\left[\begin{array}{ccc|ccc} 1 & 4 & 2 & 1 & 1 & 0 \\ 0 & 1 & \frac{5}{12} & \frac{1}{4} & \frac{1}{6} & 0 \\ 0 & 3 & 2 & 0 & 0 & 1 \end{array}\right]
$$

$$
\xrightarrow[\text{3 行}+\text{2 行}\times(-3)]{\text{1 行}+\text{2 行}\times(-4)}
\left[\begin{array}{ccc|ccc} 1 & 0 & \frac{1}{3} & 0 & \frac{1}{3} & 0 \\ 0 & 1 & \frac{5}{12} & \frac{1}{4} & \frac{1}{6} & 0 \\ 0 & 0 & \frac{3}{4} & -\frac{3}{4} & -\frac{1}{2} & 1 \end{array}\right]
$$

$$
\xrightarrow{\text{3 行}\times\frac{4}{3}}
\left[\begin{array}{ccc|ccc} 1 & 0 & \frac{1}{3} & 0 & \frac{1}{3} & 0 \\ 0 & 1 & \frac{5}{12} & \frac{1}{4} & \frac{1}{6} & 0 \\ 0 & 0 & 1 & -1 & -\frac{2}{3} & \frac{4}{3} \end{array}\right]
$$

$$
\xrightarrow[\text{2 行}+\text{3 行}\times\left(-\frac{5}{12}\right)]{\text{1 行}+\text{3 行}\times\left(-\frac{1}{3}\right)}
\left[\begin{array}{ccc|ccc} 1 & 0 & 0 & \frac{1}{3} & \frac{5}{9} & -\frac{4}{9} \\ 0 & 1 & 0 & \frac{2}{3} & \frac{4}{9} & -\frac{5}{9} \\ 0 & 0 & 1 & -1 & -\frac{2}{3} & \frac{4}{3} \end{array}\right]
$$

より，

$$
P^{-1} = \begin{bmatrix} \frac{1}{3} & \frac{5}{9} & -\frac{4}{9} \\ \frac{2}{3} & \frac{4}{9} & -\frac{5}{9} \\ -1 & -\frac{2}{3} & \frac{4}{3} \end{bmatrix} = \frac{1}{9}\begin{bmatrix} 3 & 5 & -4 \\ 6 & 4 & -5 \\ -9 & -6 & 12 \end{bmatrix}
$$

である．従って，定理 5.1 の (2) より，

$$
P^{-1}BP = \frac{1}{9}\begin{bmatrix} 3 & 5 & -4 \\ 6 & 4 & -5 \\ -9 & -6 & 12 \end{bmatrix}\begin{bmatrix} 2 & 2 & -4 \\ 3 & 1 & -4 \\ 6 & 4 & -9 \end{bmatrix}\begin{bmatrix} -2 & 4 & 1 \\ 3 & 0 & 1 \\ 0 & 3 & 2 \end{bmatrix} = \begin{bmatrix} -1 & 0 & 0 \\ 0 & -1 & 0 \\ 0 & 0 & -4 \end{bmatrix}
$$

となる．あるいは，$Q = \begin{bmatrix} 1 & -2 & 4 \\ 1 & 3 & 0 \\ 2 & 0 & 3 \end{bmatrix}$ とすると，Q は正則行列で

$$
Q^{-1} = \begin{bmatrix} -1 & -\frac{2}{3} & \frac{4}{3} \\ \frac{1}{3} & \frac{5}{9} & -\frac{4}{9} \\ \frac{2}{3} & \frac{4}{9} & -\frac{5}{9} \end{bmatrix} = \frac{1}{9}\begin{bmatrix} -9 & -6 & 12 \\ 3 & 5 & -4 \\ 6 & 4 & -5 \end{bmatrix}
$$

であり,

$$Q^{-1}BQ = \frac{1}{9} \begin{bmatrix} -9 & -6 & 12 \\ 3 & 5 & -4 \\ 6 & 4 & -5 \end{bmatrix} \begin{bmatrix} 2 & 2 & -4 \\ 3 & 1 & -4 \\ 6 & 4 & -9 \end{bmatrix} \begin{bmatrix} 1 & -2 & 4 \\ 1 & 3 & 0 \\ 2 & 0 & 3 \end{bmatrix} = \begin{bmatrix} -4 & 0 & 0 \\ 0 & -1 & 0 \\ 0 & 0 & -1 \end{bmatrix}$$

となる(B を対角化するための行列は,P や Q 以外にも無数にある).

(3) 問題 3.2 の (3) より,C は重複度 2 の固有値 0 と重複度 1 の固有値 -6 をもち,重複度 2 の固有値 0 に対する C の固有ベクトルは,c を 0 以外の任意定数として,$c \begin{bmatrix} 1 \\ 4 \\ 9 \end{bmatrix}$ である.よって,定理 5.1 の (3) より,C は対角化可能でない.

(4) 問題 3.2 の (4) より,D は重複度 3 の固有値 1 をもつが,D は対角行列ではない.よって,定理 5.1 の (4) より,D は対角化可能でない. ■

5−3. 補足（n 次正方行列の対角化）

これまでに 2 次,3 次の対角化について学んできた.定理 4.1, 5.1 では場合分けをして対角化可能,不可能について判定し,対角化可能な時には対角化のための行列 P の作り方について学んだが,結局対角化をするためには何が本質であったのか.場合分けによるパターンを把握すれば問題を解くことはできる.しかし場合分けが多くなればなるほどその本質を見失いがちである.この節ではその本質について説明するのだが,結論を言うと定理 5.4 (1) がそれに相当する.これの意味するところは各固有値 λ の重複度とその固有ベクトルの本数が等しいことが対角化のための必要十分条件であると言っている.つまり

$$\boxed{\text{対角化可能}}$$

と

$$\boxed{\text{各固有値の重複度 = その固有ベクトルの本数}}$$

が必要十分である.これは 2 次 3 次の場合だけでなく一般の n 次で成立する.ここを押さえていれば対角化のための条件は理解できていると言って良いだろう.

重複度が 2 であるが固有ベクトルが 1 本しかない例も以前取り扱ったが,この場合はどう頑張ってみても対角化は不可能である.A を 3 次の行列とし,λ, μ を A の固有値,λ の重複度を 2,λ, μ の固有ベクトルをそれぞれ $\boldsymbol{x}, \boldsymbol{y}$ とする.この時 λ の重複度と,その固有ベクトルの本数が合わないので A は対角化不可能である.つまり P を作るためのベクトルが 1 つ足りないのだが,ここで仮に

$$P = [\boldsymbol{x}, \boldsymbol{x}, \boldsymbol{y}]$$

として同じ x を 2 回使い回すと一応 P が作れる．しかし P^{-1} に問題が発生する．P^{-1} が存在するための必要十分条件は $|P| \neq 0$ であるが，P には同じ x が 2 回使われているため同じ列が存在することになり，$|P| = 0$ となってしまう．つまりこの時 P^{-1} が存在しないので $P^{-1}AP$ という形を作ることができないのである．固有ベクトルの本数が足りないとどう頑張ってみても対角化は不可能なのである．

　以下では定理 5.4 を述べるための準備を始める．本講義で扱っていない概念が登場するため証明を与えることはできない．興味のある人は自分で文献を見つけ調べると良い．

$x_1, x_2, \cdots, x_n$ を未知数とする連立 1 次方程式 $\begin{cases} a_{11}x_1 + a_{12}x_2 + \cdots + a_{1n}x_n = d_1 \\ a_{21}x_1 + a_{22}x_2 + \cdots + a_{2n}x_n = d_2 \\ \qquad\qquad \cdots\cdots \\ a_{m1}x_1 + a_{m2}x_2 + \cdots + a_{mn}x_n = d_m \end{cases}$ は，

$$A = \begin{bmatrix} a_{11} & a_{12} & \cdots & a_{1n} \\ a_{21} & a_{22} & \cdots & a_{2n} \\ \vdots & \vdots & & \vdots \\ a_{m1} & a_{m2} & \cdots & a_{mn} \end{bmatrix}, \quad \boldsymbol{x} = \begin{bmatrix} x_1 \\ x_2 \\ \vdots \\ x_n \end{bmatrix}, \quad \boldsymbol{d} = \begin{bmatrix} d_1 \\ d_2 \\ \vdots \\ d_m \end{bmatrix}$$

とすると，$A\boldsymbol{x} = \boldsymbol{d}$ と書ける．また，

$$[A, \boldsymbol{d}] = \begin{bmatrix} a_{11} & a_{12} & \cdots & a_{1n} & d_1 \\ a_{21} & a_{22} & \cdots & a_{2n} & d_2 \\ \vdots & \vdots & & \vdots & \vdots \\ a_{m1} & a_{m2} & \cdots & a_{mn} & d_m \end{bmatrix}$$

とする．このとき，次の定理が成り立つ（証明は省略する）．ただし，$\mathrm{rank}\, A$ は，A の**階数**（A から得られる階段行列の 0 でない成分を含む行の個数）であり，$\mathrm{rank}\,[A, \boldsymbol{d}]$ は，$[A, \boldsymbol{d}]$ の階数である．

定理 5.2

未知数が n 個の連立 1 次方程式 $A\boldsymbol{x} = \boldsymbol{d}$ について，以下が成り立つ．

(1) 解が存在するための必要十分条件は $\mathrm{rank}\,[A, \boldsymbol{d}] = \mathrm{rank}\, A$ が成り立つことである．

(2) $\mathrm{rank}\,[A, \boldsymbol{d}] = \mathrm{rank}\, A = n$ のとき，解はただ 1 つ存在する．

(3) $\mathrm{rank}\,[A, \boldsymbol{d}] = \mathrm{rank}\, A < n$ のとき，解は無限個存在する．

ここで，次の定義を述べる．

定義 5.2

$\{\boldsymbol{x}_1, \boldsymbol{x}_2, \cdots, \boldsymbol{x}_s\}$ を s 個の n 次列ベクトルの組とする.

$$c_1\boldsymbol{x}_1 + c_2\boldsymbol{x}_2 + \cdots + c_s\boldsymbol{x}_s = \boldsymbol{0} \Longrightarrow c_1 = c_2 = \cdots = c_s = 0$$

となるとき, $\{\boldsymbol{x}_1, \boldsymbol{x}_2, \cdots, \boldsymbol{x}_s\}$ は **1 次独立**（または**線形独立**）であるという. すなわち,

$$c_1\boldsymbol{x}_1 + c_2\boldsymbol{x}_2 + \cdots + c_s\boldsymbol{x}_s = \boldsymbol{0}$$

が成り立つのは, すべての c_i $(i = 1, 2, \cdots, s)$ が 0 の場合に限るとき, $\{\boldsymbol{x}_1, \boldsymbol{x}_2, \cdots, \boldsymbol{x}_s\}$ は 1 次独立（または線形独立）であるという. また, 1 次独立でないとき, **1 次従属**（または**線形従属**）であるという.

連立 1 次方程式 $A\boldsymbol{x} = \boldsymbol{d}$ において, $\boldsymbol{d} = \boldsymbol{0}$ の場合, すなわち, $A\boldsymbol{x} = \boldsymbol{0}$ を**同次連立 1 次方程式**といい, 次の定理が成り立つ（証明は省略する）.

定理 5.3

未知数が n 個の同次連立 1 次方程式 $A\boldsymbol{x} = \boldsymbol{0}$ について, 以下が成り立つ.

(1) $\boldsymbol{x} = \boldsymbol{0}$ は解である.

(2) $\operatorname{rank} A = n$ のとき, 解は $\boldsymbol{x} = \boldsymbol{0}$ のみである.

(3) $\operatorname{rank} A < n$ のとき, 解は無限個存在する. より詳しく述べると, $s = n - \operatorname{rank} A$ とするとき, s 個のある 1 次独立な n 次列ベクトルの組 $\{\boldsymbol{x}_1, \boldsymbol{x}_2, \cdots, \boldsymbol{x}_s\}$ に対して

$$\{\boldsymbol{x} \in \mathbb{R}^n \,|\, A\boldsymbol{x} = \boldsymbol{0}\} = \{c_1\boldsymbol{x}_1 + c_2\boldsymbol{x}_2 + \cdots + c_s\boldsymbol{x}_s \,|\, c_1, c_2, \cdots, c_s \in \mathbb{R}\} \tag{5.1}$$

となる（$\mathbb{R}^n$ は n 次列ベクトル全体の集合を表し, $\mathbb{R}$ は実数全体の集合を表す）. このとき, **解の自由度**は s であるという.

注意　(5.1) は, 以下の (1) と (2) が両方とも成り立つことを意味している.

(1) 任意の $c_1, c_2, \cdots, c_s \in \mathbb{R}$ に対して

$$\boldsymbol{x} = c_1\boldsymbol{x}_1 + c_2\boldsymbol{x}_2 + \cdots + c_s\boldsymbol{x}_s$$

は $A\boldsymbol{x} = \boldsymbol{0}$ の解である.

(2) $\boldsymbol{x} \in \mathbb{R}^n$ を $A\boldsymbol{x} = \boldsymbol{0}$ の任意の解とすると, ある $c_1, c_2, \cdots, c_s \in \mathbb{R}$ に対して

$$\boldsymbol{x} = c_1\boldsymbol{x}_1 + c_2\boldsymbol{x}_2 + \cdots + c_s\boldsymbol{x}_s$$

が成り立つ.

A を n 次正方行列とする．λ が A の固有値のとき，固有値 λ に対する A の固有ベクトル全体に零ベクトルを加えた集合

$$\{\boldsymbol{x} \in \mathbb{R}^n \,|\, (\lambda E - A)\boldsymbol{x} = \boldsymbol{0}\}$$

を，固有値 λ に対する A の**固有空間**という．今，λ を A の固有値とすると，定理 5.3 の (2) より，$s = n - \mathrm{rank}\,(\lambda E - A) > 0$ であり，定理 5.3 の (3) から，s 個のある 1 次独立な n 次列ベクトルの組 $\{\boldsymbol{x}_1, \boldsymbol{x}_2, \cdots, \boldsymbol{x}_s\}$ に対して

$$\{\boldsymbol{x} \in \mathbb{R}^n \,|\, (\lambda E - A)\boldsymbol{x} = \boldsymbol{0}\} = \{c_1 \boldsymbol{x}_1 + c_2 \boldsymbol{x}_2 + \cdots + c_s \boldsymbol{x}_s \,|\, c_1, c_2, \cdots, c_s \in \mathbb{R}\}$$

が成り立つ．このとき，$\{\boldsymbol{x}_1, \boldsymbol{x}_2, \cdots, \boldsymbol{x}_s\}$ を，固有値 λ に対する A の固有空間の**基底**という．また，基底を構成するベクトルの個数 s を，固有値 λ に対する A の固有空間の**次元**という．

それでは，n 次正方行列の対角化に関する定理を述べよう．

定理 5.4

n 次正方行列 A の相異なる固有値を $\lambda_1, \lambda_2, \cdots, \lambda_r$ とし，その重複度をそれぞれ $n_1, n_2, \cdots, n_r$ とする（従って，$n_1 + n_2 + \cdots + n_r = n$ である）．

(1) A が対角化可能であるための必要十分条件は，各 i $(i = 1, 2, \cdots, r)$ に対して，固有値 λ_i に対する A の固有空間の次元が n_i に等しいことである．

(2) A は対角化可能であるとする．このとき，各固有空間 $\{\boldsymbol{x} \in \mathbb{R}^n \,|\, (\lambda_i E - A)\boldsymbol{x} = \boldsymbol{0}\}$ の基底を $\{\boldsymbol{p}_{i1}, \boldsymbol{p}_{i2}, \cdots, \boldsymbol{p}_{in_i}\}$ とすると，

$$P = \left[\boldsymbol{p}_{11}, \cdots, \boldsymbol{p}_{1n_1}, \boldsymbol{p}_{21}, \cdots, \boldsymbol{p}_{2n_2}, \cdots, \boldsymbol{p}_{r1}, \cdots, \boldsymbol{p}_{rn_r}\right]$$

は正則行列であり，

$$P^{-1}AP = \begin{bmatrix} \lambda_1 & & & & & & & & \\ & \ddots & & & & & & & \\ & & \lambda_1 & & & & & & \\ & & & \lambda_2 & & & & & \\ & & & & \ddots & & & & \\ & & & & & \lambda_2 & & & \\ & & & & & & \ddots & & \\ & & & & & & & \lambda_r & \\ & & & & & & & & \ddots \\ & & & & & & & & & \lambda_r \end{bmatrix} \tag{5.2}$$

が成り立つ．ただし，(5.2) の右辺の行列は対角行列（対角成分以外はすべて 0）であり，対角成分には，λ_1 が n_1 個，λ_2 が n_2 個，$\cdots$，λ_r が n_r 個並ぶ．

(3) $r = n$ のとき，すなわち，n 次正方行列 A が相異なる n 個の固有値をもつとき，A は対角化可能である．

第6章 対角化の社会科学への応用（マルコフ連鎖）

この章では，正方行列の対角化の応用として，マルコフ連鎖を取り上げる．具体的には，顧客獲得競争をしている2社の顧客数が時間とともにどのように推移していくかを解析する．なお，以下の例題6.1や問題6.1は，行列を利用せずに解くことも可能であるが，この章では行列を用いて解くことにする．

6－1．マルコフ連鎖

> **例題 6.1**　X社とY社のみが参入している市場があり，2社の顧客数の合計は常に30000人であるとする．また，その30000人は常に2社のうち1社のみの顧客になっているものとし，現在は，X社の顧客数が12000人でY社の顧客数が18000人であるとする．さらに，2社間の顧客の移動は1年ごとに一斉に行われるものとし，X社の顧客の中で翌年にY社の顧客に変わる人の割合はいつも10％で，一方，Y社の顧客の中で翌年にX社の顧客に変わる人の割合はいつも20％であるとする．このとき，以下の各問いに答えよ．ただし，kは自然数とし，現在からk年後のX社とY社の顧客数をそれぞれa_k人，b_k人とする．
>
> (1) a_kとb_kを求めよ．
>
> (2) $\lim_{k \to \infty} a_k$と$\lim_{k \to \infty} b_k$を求めよ．

解答

(1) 現在のX社の顧客12000人のうち，90％が1年後もX社の顧客として残り，また，現在のY社の顧客18000人のうち，20％が1年後にはX社の顧客に変わるので，

$$a_1 = 12000 \times 0.9 + 18000 \times 0.2 = 14400 \tag{6.1}$$

である．一方，現在のX社の顧客12000人のうち，10％が1年後にはY社の顧客に変わり，また，現在のY社の顧客18000人のうち，80％が1年後もY社の顧客として残るので，

$$b_1 = 12000 \times 0.1 + 18000 \times 0.8 = 15600 \tag{6.2}$$

である．(6.1) と (6.2) をまとめて行列で表すと，

$$\begin{bmatrix} a_1 \\ b_1 \end{bmatrix} = \begin{bmatrix} 0.9 & 0.2 \\ 0.1 & 0.8 \end{bmatrix} \begin{bmatrix} 12000 \\ 18000 \end{bmatrix} \tag{6.3}$$

となる．同様に，任意の自然数 ℓ に対して，

$$\begin{cases} a_{\ell+1} & = a_\ell \times 0.9 + b_\ell \times 0.2 \\ b_{\ell+1} & = a_\ell \times 0.1 + b_\ell \times 0.8 \end{cases}$$

なので，行列で表すと，

$$\begin{bmatrix} a_{\ell+1} \\ b_{\ell+1} \end{bmatrix} = \begin{bmatrix} 0.9 & 0.2 \\ 0.1 & 0.8 \end{bmatrix} \begin{bmatrix} a_\ell \\ b_\ell \end{bmatrix} \tag{6.4}$$

となる．よって，

$$A = \begin{bmatrix} 0.9 & 0.2 \\ 0.1 & 0.8 \end{bmatrix}$$

とおく（A を**推移確率行列**または単に**推移行列**という）と，(6.3) と (6.4) から，

$$\begin{bmatrix} a_k \\ b_k \end{bmatrix} = A \begin{bmatrix} a_{k-1} \\ b_{k-1} \end{bmatrix} = A \left(A \begin{bmatrix} a_{k-2} \\ b_{k-2} \end{bmatrix} \right) = A^2 \begin{bmatrix} a_{k-2} \\ b_{k-2} \end{bmatrix} = \cdots = A^{k-1} \begin{bmatrix} a_1 \\ b_1 \end{bmatrix}$$

$$= A^{k-1} \left(A \begin{bmatrix} 12000 \\ 18000 \end{bmatrix} \right)$$

$$= A^k \begin{bmatrix} 12000 \\ 18000 \end{bmatrix} \tag{6.5}$$

である．従って，a_k と b_k を求めるには A^k を求めればよい．まず，A の固有方程式は

$$|\lambda E - A| = \begin{vmatrix} \lambda - 0.9 & -0.2 \\ -0.1 & \lambda - 0.8 \end{vmatrix} = (\lambda - 0.9)(\lambda - 0.8) - (-0.2) \cdot (-0.1) = \lambda^2 - 1.7\lambda + 0.7$$

$$= (\lambda - 1)(\lambda - 0.7)$$

$$= 0$$

なので，A は異なる 2 つの固有値 1 と 0.7 をもつ．よって，定理 4.1 の (1) より，A は対角化可能である．次に，A を対角化するために，各固有値に対する固有ベクトルを求める．

$$A \begin{bmatrix} x_1 \\ x_2 \end{bmatrix} = \begin{bmatrix} x_1 \\ x_2 \end{bmatrix} \iff (E - A) \begin{bmatrix} x_1 \\ x_2 \end{bmatrix} = \begin{bmatrix} 0 \\ 0 \end{bmatrix} \iff \begin{bmatrix} 0.1 & -0.2 \\ -0.1 & 0.2 \end{bmatrix} \begin{bmatrix} x_1 \\ x_2 \end{bmatrix} = \begin{bmatrix} 0 \\ 0 \end{bmatrix}$$

$$\iff \begin{cases} 0.1x_1 - 0.2x_2 = 0 \\ -0.1x_1 + 0.2x_2 = 0 \end{cases}$$

$$\iff x_1 - 2x_2 = 0$$

より，固有値 1 に対する A の固有ベクトルは，c を 0 以外の任意定数として，$c \begin{bmatrix} 2 \\ 1 \end{bmatrix}$ である．また，

$$A \begin{bmatrix} x_1 \\ x_2 \end{bmatrix} = 0.7 \begin{bmatrix} x_1 \\ x_2 \end{bmatrix} \iff (0.7E - A) \begin{bmatrix} x_1 \\ x_2 \end{bmatrix} = \begin{bmatrix} 0 \\ 0 \end{bmatrix}$$

$$\Longleftrightarrow \begin{bmatrix} -0.2 & -0.2 \\ -0.1 & -0.1 \end{bmatrix} \begin{bmatrix} x_1 \\ x_2 \end{bmatrix} = \begin{bmatrix} 0 \\ 0 \end{bmatrix}$$

$$\Longleftrightarrow \begin{cases} -0.2x_1 - 0.2x_2 = 0 \\ -0.1x_1 - 0.1x_2 = 0 \end{cases}$$

$$\Longleftrightarrow x_1 + x_2 = 0$$

より，固有値 0.7 に対する A の固有ベクトルは，c を 0 以外の任意定数として，$c \begin{bmatrix} -1 \\ 1 \end{bmatrix}$ である．従って，定理 4.1 の (1) より，$P = \begin{bmatrix} 2 & -1 \\ 1 & 1 \end{bmatrix}$ は正則行列である．ここで，

$$P^{-1} = \frac{1}{2 \cdot 1 - (-1) \cdot 1} \begin{bmatrix} 1 & 1 \\ -1 & 2 \end{bmatrix} = \frac{1}{3} \begin{bmatrix} 1 & 1 \\ -1 & 2 \end{bmatrix}$$

なので，定理 4.1 の (1) より，

$$P^{-1}AP = \frac{1}{3} \begin{bmatrix} 1 & 1 \\ -1 & 2 \end{bmatrix} \begin{bmatrix} 0.9 & 0.2 \\ 0.1 & 0.8 \end{bmatrix} \begin{bmatrix} 2 & -1 \\ 1 & 1 \end{bmatrix} = \begin{bmatrix} 1 & 0 \\ 0 & 0.7 \end{bmatrix}$$

となる．以上から，

$$\begin{aligned} A^k = P \left(P^{-1}AP \right)^k P^{-1} &= \begin{bmatrix} 2 & -1 \\ 1 & 1 \end{bmatrix} \begin{bmatrix} 1 & 0 \\ 0 & 0.7 \end{bmatrix}^k \cdot \left(\frac{1}{3} \begin{bmatrix} 1 & 1 \\ -1 & 2 \end{bmatrix} \right) \\ &= \frac{1}{3} \begin{bmatrix} 2 & -1 \\ 1 & 1 \end{bmatrix} \begin{bmatrix} 1 & 0 \\ 0 & (0.7)^k \end{bmatrix} \begin{bmatrix} 1 & 1 \\ -1 & 2 \end{bmatrix} \\ &= \frac{1}{3} \begin{bmatrix} 2 & -(0.7)^k \\ 1 & (0.7)^k \end{bmatrix} \begin{bmatrix} 1 & 1 \\ -1 & 2 \end{bmatrix} \\ &= \frac{1}{3} \begin{bmatrix} 2 + (0.7)^k & 2 - 2 \cdot (0.7)^k \\ 1 - (0.7)^k & 1 + 2 \cdot (0.7)^k \end{bmatrix} \end{aligned} \tag{6.6}$$

である．よって，(6.5) と (6.6) から，

$$\begin{aligned} \begin{bmatrix} a_k \\ b_k \end{bmatrix} = A^k \begin{bmatrix} 12000 \\ 18000 \end{bmatrix} &= \frac{1}{3} \begin{bmatrix} 2 + (0.7)^k & 2 - 2 \cdot (0.7)^k \\ 1 - (0.7)^k & 1 + 2 \cdot (0.7)^k \end{bmatrix} \begin{bmatrix} 12000 \\ 18000 \end{bmatrix} \\ &= \begin{bmatrix} 20000 - 8000 \cdot (0.7)^k \\ 10000 + 8000 \cdot (0.7)^k \end{bmatrix} \end{aligned}$$

となる．従って，

$$a_k = 20000 - 8000 \cdot (0.7)^k, \qquad b_k = 10000 + 8000 \cdot (0.7)^k \tag{6.7}$$

である．

(2) $|c| < 1$ のとき，$\displaystyle\lim_{k \to \infty} c^k = 0$ なので，(6.7) より，

$$\lim_{k \to \infty} a_k = \lim_{k \to \infty} \left\{ 20000 - 8000 \cdot (0.7)^k \right\} = 20000,$$

$$\lim_{k \to \infty} b_k = \lim_{k \to \infty} \left\{ 10000 + 8000 \cdot (0.7)^k \right\} = 10000$$

である．　■

注意　　例題 6.1 の問題文において，12000 と 18000 の部分だけをそれぞれ a_0 と b_0 に変えてみたとする．すなわち，現在の X 社の顧客数を a_0 人とし，現在の Y 社の顧客数を b_0 人とする（$a_0 + b_0 = 30000$ である）．このとき，例題 6.1 の解答と同様にして，

$$\begin{bmatrix} a_k \\ b_k \end{bmatrix} = A^k \begin{bmatrix} a_0 \\ b_0 \end{bmatrix} = \frac{1}{3} \begin{bmatrix} 2 + (0.7)^k & 2 - 2 \cdot (0.7)^k \\ 1 - (0.7)^k & 1 + 2 \cdot (0.7)^k \end{bmatrix} \begin{bmatrix} a_0 \\ b_0 \end{bmatrix}$$

となるので，$a_0 + b_0 = 30000$ も用いることで，

$$\begin{bmatrix} a_k \\ b_k \end{bmatrix} = \begin{bmatrix} 20000 + (a_0 - 20000) \cdot (0.7)^k \\ 10000 + (b_0 - 10000) \cdot (0.7)^k \end{bmatrix}$$

が得られる．従って，X 社から Y 社に移る顧客の割合は毎年 10 ％だけで，逆に，Y 社から X 社に移る顧客の割合は毎年 20 ％もあるにもかかわらず，$a_0 > 20000$ のときは，X 社は顧客数を減らしていくことになる．このようなことが起きる理由は，例題 6.1 では飽和状態の市場を考えているからである．すなわち，2 社のどちらの顧客でもない新規の顧客が存在しないため，X 社が圧倒的なシェアを持っている場合には，顧客数を減らしてしまうのである．現実の社会でも，例えば，携帯電話会社間のシェア争いにおいてこのようなことが起きていると言えるであろう．もちろん，携帯電話の場合は，携帯電話を持っていない人もいるが，割合としては小さい．そのため，番号持ち運び制度があって他社に乗り換えがしやすい状況では，高いシェアを維持するのは容易ではないのである．

注意　　例題 6.1 において，1 年ごとに X 社と Y 社の顧客数がどのように変化するかは，(6.4) によって決まっていた．すなわち，各 ℓ に対して，現在から $\ell + 1$ 年後の X 社と Y 社の顧客数は，その直前の年（現在から ℓ 年後）の X 社と Y 社の顧客数及び推移確率行列から決まっていた．このような状態の変化は**マルコフ連鎖**と呼ばれる．

問題 6.1　X 社と Y 社のみが参入している市場があり，2 社の顧客数の合計は常に 10000 人である とする．また，その 10000 人は常に 2 社のうち 1 社のみの顧客になっているものとし，現在は，X 社の 顧客数が 9000 人で Y 社の顧客数が 1000 人であるとする．さらに，2 社間の顧客の移動は 1 年ごとに一 斉に行われるものとし，X 社の顧客の中で翌年に Y 社の顧客に変わる人の割合はいつも 20 ％で，一方， Y 社の顧客の中で翌年に X 社の顧客に変わる人の割合はいつも 30 ％であるとする．このとき，以下の 各問いに答えよ．ただし，k は自然数とし，現在から k 年後の X 社と Y 社の顧客数をそれぞれ a_k 人， b_k 人とする．

(1) a_k と b_k を求めよ．

(2) $\lim_{k \to \infty} a_k$ と $\lim_{k \to \infty} b_k$ を求めよ．

解答

(1) 現在の X 社の顧客 9000 人のうち，80 ％が 1 年後も X 社の顧客として残り，また，現在の Y 社の顧客 1000 人のうち，30 ％が 1 年後には X 社の顧客に変わるので，

$$a_1 = 9000 \times 0.8 + 1000 \times 0.3 = 7500 \tag{6.8}$$

である．一方，現在の X 社の顧客 9000 人のうち，20 ％が 1 年後には Y 社の顧客に変わり，また，現 在の Y 社の顧客 1000 人のうち，70 ％が 1 年後も Y 社の顧客として残るので，

$$b_1 = 9000 \times 0.2 + 1000 \times 0.7 = 2500 \tag{6.9}$$

である．(6.8) と (6.9) をまとめて行列で表すと，

$$\begin{bmatrix} a_1 \\ b_1 \end{bmatrix} = \begin{bmatrix} 0.8 & 0.3 \\ 0.2 & 0.7 \end{bmatrix} \begin{bmatrix} 9000 \\ 1000 \end{bmatrix} \tag{6.10}$$

となる．同様に，任意の自然数 ℓ に対して，

$$\begin{cases} a_{\ell+1} & = a_\ell \times 0.8 + b_\ell \times 0.3 \\ b_{\ell+1} & = a_\ell \times 0.2 + b_\ell \times 0.7 \end{cases}$$

なので，行列で表すと，

$$\begin{bmatrix} a_{\ell+1} \\ b_{\ell+1} \end{bmatrix} = \begin{bmatrix} 0.8 & 0.3 \\ 0.2 & 0.7 \end{bmatrix} \begin{bmatrix} a_\ell \\ b_\ell \end{bmatrix} \tag{6.11}$$

となる．よって，

$$A = \begin{bmatrix} 0.8 & 0.3 \\ 0.2 & 0.7 \end{bmatrix}$$

とおくと，(6.10) と (6.11) から，

$$
\begin{bmatrix} a_k \\ b_k \end{bmatrix} = A \begin{bmatrix} a_{k-1} \\ b_{k-1} \end{bmatrix} = A \left(A \begin{bmatrix} a_{k-2} \\ b_{k-2} \end{bmatrix} \right) = A^2 \begin{bmatrix} a_{k-2} \\ b_{k-2} \end{bmatrix} = \cdots = A^{k-1} \begin{bmatrix} a_1 \\ b_1 \end{bmatrix}
$$
$$
= A^{k-1} \left(A \begin{bmatrix} 9000 \\ 1000 \end{bmatrix} \right)
$$
$$
= A^k \begin{bmatrix} 9000 \\ 1000 \end{bmatrix} \tag{6.12}
$$

である．従って，a_k と b_k を求めるには A^k を求めればよい．まず，A の固有方程式は

$$
|\lambda E - A| = \begin{vmatrix} \lambda - 0.8 & -0.3 \\ -0.2 & \lambda - 0.7 \end{vmatrix} = (\lambda - 0.8)(\lambda - 0.7) - (-0.3) \cdot (-0.2) = \lambda^2 - 1.5\lambda + 0.5
$$
$$
= (\lambda - 1)(\lambda - 0.5)
$$
$$
= 0
$$

なので，A は異なる 2 つの固有値 1 と 0.5 をもつ．よって，定理 4.1 の (1) より，A は対角化可能である．次に，A を対角化するために，各固有値に対する固有ベクトルを求める．

$$
A \begin{bmatrix} x_1 \\ x_2 \end{bmatrix} = \begin{bmatrix} x_1 \\ x_2 \end{bmatrix} \iff (E - A) \begin{bmatrix} x_1 \\ x_2 \end{bmatrix} = \begin{bmatrix} 0 \\ 0 \end{bmatrix} \iff \begin{bmatrix} 0.2 & -0.3 \\ -0.2 & 0.3 \end{bmatrix} \begin{bmatrix} x_1 \\ x_2 \end{bmatrix} = \begin{bmatrix} 0 \\ 0 \end{bmatrix}
$$
$$
\iff \begin{cases} 0.2x_1 - 0.3x_2 = 0 \\ -0.2x_1 + 0.3x_2 = 0 \end{cases}
$$
$$
\iff 2x_1 - 3x_2 = 0
$$

より，固有値 1 に対する A の固有ベクトルは，c を 0 以外の任意定数として，$c \begin{bmatrix} 3 \\ 2 \end{bmatrix}$ である．また，

$$
A \begin{bmatrix} x_1 \\ x_2 \end{bmatrix} = 0.5 \begin{bmatrix} x_1 \\ x_2 \end{bmatrix} \iff (0.5E - A) \begin{bmatrix} x_1 \\ x_2 \end{bmatrix} = \begin{bmatrix} 0 \\ 0 \end{bmatrix}
$$
$$
\iff \begin{bmatrix} -0.3 & -0.3 \\ -0.2 & -0.2 \end{bmatrix} \begin{bmatrix} x_1 \\ x_2 \end{bmatrix} = \begin{bmatrix} 0 \\ 0 \end{bmatrix}
$$
$$
\iff \begin{cases} -0.3x_1 - 0.3x_2 = 0 \\ -0.2x_1 - 0.2x_2 = 0 \end{cases}
$$
$$
\iff x_1 + x_2 = 0
$$

より，固有値 0.5 に対する A の固有ベクトルは，c を 0 以外の任意定数として，$c \begin{bmatrix} -1 \\ 1 \end{bmatrix}$ である．従って，定理 4.1 の (1) より，$P = \begin{bmatrix} 3 & -1 \\ 2 & 1 \end{bmatrix}$ は正則行列である．ここで，

$$
P^{-1} = \frac{1}{3 \cdot 1 - (-1) \cdot 2} \begin{bmatrix} 1 & 1 \\ -2 & 3 \end{bmatrix} = \frac{1}{5} \begin{bmatrix} 1 & 1 \\ -2 & 3 \end{bmatrix}
$$

なので，定理 4.1 の (1) より，

$$P^{-1}AP = \frac{1}{5} \begin{bmatrix} 1 & 1 \\ -2 & 3 \end{bmatrix} \begin{bmatrix} 0.8 & 0.3 \\ 0.2 & 0.7 \end{bmatrix} \begin{bmatrix} 3 & -1 \\ 2 & 1 \end{bmatrix} = \begin{bmatrix} 1 & 0 \\ 0 & 0.5 \end{bmatrix}$$

となる．以上から，

$$\begin{aligned} A^k = P \left(P^{-1}AP \right)^k P^{-1} &= \begin{bmatrix} 3 & -1 \\ 2 & 1 \end{bmatrix} \begin{bmatrix} 1 & 0 \\ 0 & 0.5 \end{bmatrix}^k \cdot \left(\frac{1}{5} \begin{bmatrix} 1 & 1 \\ -2 & 3 \end{bmatrix} \right) \\ &= \frac{1}{5} \begin{bmatrix} 3 & -1 \\ 2 & 1 \end{bmatrix} \begin{bmatrix} 1 & 0 \\ 0 & (0.5)^k \end{bmatrix} \begin{bmatrix} 1 & 1 \\ -2 & 3 \end{bmatrix} \\ &= \frac{1}{5} \begin{bmatrix} 3 & -(0.5)^k \\ 2 & (0.5)^k \end{bmatrix} \begin{bmatrix} 1 & 1 \\ -2 & 3 \end{bmatrix} \\ &= \frac{1}{5} \begin{bmatrix} 3 + 2 \cdot (0.5)^k & 3 - 3 \cdot (0.5)^k \\ 2 - 2 \cdot (0.5)^k & 2 + 3 \cdot (0.5)^k \end{bmatrix} \end{aligned} \tag{6.13}$$

である．よって，(6.12) と (6.13) から，

$$\begin{aligned} \begin{bmatrix} a_k \\ b_k \end{bmatrix} = A^k \begin{bmatrix} 9000 \\ 1000 \end{bmatrix} &= \frac{1}{5} \begin{bmatrix} 3 + 2 \cdot (0.5)^k & 3 - 3 \cdot (0.5)^k \\ 2 - 2 \cdot (0.5)^k & 2 + 3 \cdot (0.5)^k \end{bmatrix} \begin{bmatrix} 9000 \\ 1000 \end{bmatrix} \\ &= \begin{bmatrix} 6000 + 3000 \cdot (0.5)^k \\ 4000 - 3000 \cdot (0.5)^k \end{bmatrix} \end{aligned}$$

となる．従って，

$$a_k = 6000 + 3000 \cdot (0.5)^k, \qquad b_k = 4000 - 3000 \cdot (0.5)^k \tag{6.14}$$

である．

(2) $|c| < 1$ のとき，$\lim_{k \to \infty} c^k = 0$ なので，(6.14) より，

$$\lim_{k \to \infty} a_k = \lim_{k \to \infty} \left\{ 6000 + 3000 \cdot (0.5)^k \right\} = 6000,$$

$$\lim_{k \to \infty} b_k = \lim_{k \to \infty} \left\{ 4000 - 3000 \cdot (0.5)^k \right\} = 4000$$

である．　■

第7章　対角化の微分方程式への応用

　この章では，正方行列の対角化の応用として，連立線形微分方程式を取り上げる．なお，微分や微分方程式に関する用語や記号についての詳細は，第0章を参照してほしい．

7－1．導入

　y_1, y_2 を未知関数とする連立線形微分方程式（詳しく述べると，正規形の定数係数1階連立線形微分方程式）

$$\begin{cases} \dfrac{dy_1}{dx} = a_{11}y_1 + a_{12}y_2 \\ \dfrac{dy_2}{dx} = a_{21}y_1 + a_{22}y_2 \end{cases} \tag{7.1}$$

を考える（$a_{11}, a_{12}, a_{21}, a_{22}$ は定数）．ただし，(7.1) は，

$$\begin{cases} \dfrac{d}{dx}y_1(x) = a_{11}y_1(x) + a_{12}y_2(x) \\ \dfrac{d}{dx}y_2(x) = a_{21}y_1(x) + a_{22}y_2(x) \end{cases}$$

を簡略化して書いたものである．この章では，行列

$$\begin{bmatrix} a_{11} & a_{12} \\ a_{21} & a_{22} \end{bmatrix} \tag{7.2}$$

が対角化可能であるという仮定の下で，(7.1) を考える．(7.1) の解（すなわち，(7.1) を満たす関数 y_1, y_2 の組）は無限個存在するが，任意定数を用いることで，無限個存在するすべての解をひとまとめにして表現することができる（任意定数を用いて，無限個存在する解をひとまとめにして表した解を，**一般解**という）．この章では，(7.1) の一般解を求めることを目標とする．また，(7.1) に

$$y_1(\alpha) = \beta, \qquad y_2(\alpha) = \gamma$$

という条件（**初期条件**）を加えた問題（**初期値問題**）についても考える（α, β, γ は定数）．

　さて，(7.1) は，一見複雑な微分方程式に思える．しかし，実は，(7.2) が対角化可能であるという仮定の下では，(7.1) を，z_1, z_2 を未知関数とする2つの独立な微分方程式

$$\frac{dz_1}{dx} = \lambda z_1, \qquad \frac{dz_2}{dx} = \mu z_2 \qquad （\lambda, \mu はある定数） \tag{7.3}$$

に帰着できることが示せるのである（詳細については，次節で述べる）．従って，

$$\frac{dy}{dx} = ky \qquad (k \text{ は定数})\tag{7.4}$$

という形の微分方程式の一般解がわかれば，(7.1) の一般解も求まることになる．そこで，(7.4) の一般解について述べるために，まず，以下の定理を述べておく（証明は省略する）．ただし，この章では，e はネピアの数（自然対数の底）とする，すなわち，

$$e = \lim_{n \to \infty} \left(1 + \frac{1}{n}\right)^n$$

である．

定理 7.1

k を定数とするとき，

$$\frac{d}{dx} e^{kx} = k e^{kx}$$

が成り立つ．

定理 7.1 より，c を任意定数とするとき，$y = ce^{kx}$ に対して，

$$\frac{dy}{dx} = \frac{d}{dx}\left(ce^{kx}\right) = c\frac{d}{dx}e^{kx} = cke^{kx} = kce^{kx} = ky$$

が成り立つ（x とは無関係な定数 c を微分の外に出せることを用いた）．従って，(7.4) の解について以下の定理が成り立つ（特異解が存在しないことの証明は省略する）．

定理 7.2

k を定数とする．y を未知関数とする微分方程式

$$\frac{dy}{dx} = ky$$

の一般解は，c を任意定数として，

$$y = ce^{kx}$$

である．また，特異解（一般解以外の解）は存在しない．

注意　(7.4) を現象との関連で述べると，$k > 0$ のときは，理想的な環境下におかれたバクテリアが増殖していく様子を表す微分方程式であり，$k < 0$ のときは，放射性物質が崩壊して量が減少していく様子を表す微分方程式である．

それでは，次節で，連立微分方程式 (7.1) を 2 つの独立な微分方程式 (7.3) に帰着させる方法を述べていくことにしよう．

７－２．連立線形微分方程式

$a_{11}, a_{12}, a_{21}, a_{22}$ を定数とする．y_1, y_2 を未知関数とする連立線形微分方程式

$$\begin{cases} \dfrac{dy_1}{dx} = a_{11}y_1 + a_{12}y_2 \\ \dfrac{dy_2}{dx} = a_{21}y_1 + a_{22}y_2 \end{cases} \tag{7.5}$$

を考える．ただし，$A = \begin{bmatrix} a_{11} & a_{12} \\ a_{21} & a_{22} \end{bmatrix}$ は対角化可能であるとする．すなわち，ある 2 次正則行列 P に対して，

$$P^{-1}AP = \begin{bmatrix} \lambda & 0 \\ 0 & \mu \end{bmatrix} \tag{7.6}$$

が成り立つとする．今，

$$\boldsymbol{y} = \begin{bmatrix} y_1 \\ y_2 \end{bmatrix}, \qquad \frac{d}{dx}\begin{bmatrix} y_1 \\ y_2 \end{bmatrix} = \begin{bmatrix} \dfrac{dy_1}{dx} \\ \dfrac{dy_2}{dx} \end{bmatrix} \tag{7.7}$$

とすると，(7.5) は

$$\frac{d}{dx}\boldsymbol{y} = A\boldsymbol{y} \tag{7.8}$$

と表せる．ここで，$PP^{-1} = E$ より，(7.6) の両辺に左から P を右から P^{-1} をそれぞれ掛けることで，

$$A = P\begin{bmatrix} \lambda & 0 \\ 0 & \mu \end{bmatrix}P^{-1} \tag{7.9}$$

となる．よって，(7.8) と (7.9) から，

$$\frac{d}{dx}\boldsymbol{y} = P\begin{bmatrix} \lambda & 0 \\ 0 & \mu \end{bmatrix}P^{-1}\boldsymbol{y}$$

となる．ここで，$P^{-1}P = E$ より，上式の両辺に左から P^{-1} を掛けることで，

$$P^{-1}\frac{d}{dx}\boldsymbol{y} = \begin{bmatrix} \lambda & 0 \\ 0 & \mu \end{bmatrix}P^{-1}\boldsymbol{y} \tag{7.10}$$

となる．また，P^{-1} の各成分は x とは無関係な定数なので，

$$P^{-1}\frac{d}{dx}\boldsymbol{y} = \frac{d}{dx}\left(P^{-1}\boldsymbol{y}\right) \tag{7.11}$$

が成り立つ．よって，(7.10) と (7.11) から，

$$\frac{d}{dx}\left(P^{-1}\boldsymbol{y}\right) = \begin{bmatrix} \lambda & 0 \\ 0 & \mu \end{bmatrix}P^{-1}\boldsymbol{y}$$

となる．ここで，$P^{-1}\boldsymbol{y}$ は 2 次列ベクトルなので，上式で

$$\begin{bmatrix} z_1 \\ z_2 \end{bmatrix} = P^{-1}\boldsymbol{y} \tag{7.12}$$

とおくと，

$$\frac{d}{dx}\begin{bmatrix} z_1 \\ z_2 \end{bmatrix} = \begin{bmatrix} \lambda & 0 \\ 0 & \mu \end{bmatrix}\begin{bmatrix} z_1 \\ z_2 \end{bmatrix}$$

となる．すなわち，

$$\begin{bmatrix} \dfrac{dz_1}{dx} \\ \dfrac{dz_2}{dx} \end{bmatrix} = \begin{bmatrix} \lambda z_1 \\ \mu z_2 \end{bmatrix}$$

となる．従って，連立微分方程式 (7.5) は，z_1, z_2 をそれぞれ未知関数とする 2 つの独立な微分方程式

$$\frac{dz_1}{dx} = \lambda z_1, \qquad \frac{dz_2}{dx} = \mu z_2 \tag{7.13}$$

に帰着された．定理 7.2 より，(7.13) の一般解は，c_1, c_2 を任意定数として，

$$z_1 = c_1 e^{\lambda x}, \qquad z_2 = c_2 e^{\mu x}$$

である．また，(7.7) と (7.12) より，

$$\begin{bmatrix} y_1 \\ y_2 \end{bmatrix} = \boldsymbol{y} = P\begin{bmatrix} z_1 \\ z_2 \end{bmatrix}$$

である．以上から，(7.5) の解について，以下の定理を得る（特異解が存在しないことの証明は省略する）．

定理 7.3

$A = \begin{bmatrix} a_{11} & a_{12} \\ a_{21} & a_{22} \end{bmatrix}$ は対角化可能であるとする．すなわち，ある正則行列 $P = \begin{bmatrix} q_1 & r_1 \\ q_2 & r_2 \end{bmatrix}$ に対して，

$$P^{-1}AP = \begin{bmatrix} \lambda & 0 \\ 0 & \mu \end{bmatrix}$$

が成り立つとする．このとき，y_1, y_2 を未知関数とする連立微分方程式

$$\begin{cases} \dfrac{dy_1}{dx} = a_{11}y_1 + a_{12}y_2 \\ \dfrac{dy_2}{dx} = a_{21}y_1 + a_{22}y_2 \end{cases}$$

の一般解は，c_1, c_2 を任意定数として，

$$\begin{bmatrix} y_1 \\ y_2 \end{bmatrix} = P \begin{bmatrix} c_1 e^{\lambda x} \\ c_2 e^{\mu x} \end{bmatrix} = \begin{bmatrix} q_1 c_1 e^{\lambda x} + r_1 c_2 e^{\mu x} \\ q_2 c_1 e^{\lambda x} + r_2 c_2 e^{\mu x} \end{bmatrix}$$

である．すなわち，

$$y_1 = q_1 c_1 e^{\lambda x} + r_1 c_2 e^{\mu x}, \qquad y_2 = q_2 c_1 e^{\lambda x} + r_2 c_2 e^{\mu x}$$

である．あるいは，

$$\begin{bmatrix} y_1 \\ y_2 \end{bmatrix} = c_1 e^{\lambda x} \begin{bmatrix} q_1 \\ q_2 \end{bmatrix} + c_2 e^{\mu x} \begin{bmatrix} r_1 \\ r_2 \end{bmatrix}$$

と表現することもできる．また，特異解（一般解以外の解）は存在しない．

注意 A が対角化可能でない場合でも，A を**ジョルダン標準形**と呼ばれる行列に変換することはできるので，ジョルダン標準形を利用して一般解を求めることができる．

それでは，具体的な微分方程式を解いていこう．

> **例題 7.1**　　y_1, y_2 を未知関数とする連立微分方程式
>
> $$\begin{cases} \dfrac{dy_1}{dx} = 3y_1 - 4y_2 \\[2mm] \dfrac{dy_2}{dx} = -y_1 + 6y_2 \end{cases}$$
>
> について以下の各問いに答えよ.
>
> (1) 一般解を求めよ.
>
> (2) 初期条件 $y_1(0) = 3$, $y_2(0) = 7$ を満たす解を求めよ.
>
> (3) y_1, y_2 を (2) の解とするとき, $\displaystyle\lim_{x \to \infty} y_1(x)$ と $\displaystyle\lim_{x \to \infty} y_2(x)$ を求めよ.

解答

(1) $A = \begin{bmatrix} 3 & -4 \\ -1 & 6 \end{bmatrix}$ とすると, 例題 4.1 の (1) より, $P = \begin{bmatrix} 4 & -1 \\ 1 & 1 \end{bmatrix}$ に対して,

$$P^{-1}AP = \begin{bmatrix} 2 & 0 \\ 0 & 7 \end{bmatrix}$$

となる. よって, 定理 7.3 より, 求める一般解は, c_1, c_2 を任意定数として,

$$\begin{bmatrix} y_1 \\ y_2 \end{bmatrix} = P \begin{bmatrix} c_1 e^{2x} \\ c_2 e^{7x} \end{bmatrix} = \begin{bmatrix} 4c_1 e^{2x} - c_2 e^{7x} \\ c_1 e^{2x} + c_2 e^{7x} \end{bmatrix} \tag{7.14}$$

である. すなわち,

$$y_1 = 4c_1 e^{2x} - c_2 e^{7x}, \qquad y_2 = c_1 e^{2x} + c_2 e^{7x} \tag{7.15}$$

である. あるいは,

$$\begin{bmatrix} y_1 \\ y_2 \end{bmatrix} = c_1 e^{2x} \begin{bmatrix} 4 \\ 1 \end{bmatrix} + c_2 e^{7x} \begin{bmatrix} -1 \\ 1 \end{bmatrix}$$

と表現することもできる.

(2) $e^0 = 1$ なので, (7.15) より

$$y_1(0) = 4c_1 e^0 - c_2 e^0 = 4c_1 - c_2, \qquad y_2(0) = c_1 e^0 + c_2 e^0 = c_1 + c_2$$

であり, 従って,

$$y_1(0) = 3 \text{ かつ } y_2(0) = 7 \Longleftrightarrow 4c_1 - c_2 = 3 \text{ かつ } c_1 + c_2 = 7$$

である．よって，c_1, c_2 を未知数とする連立 1 次方程式

$$\begin{cases} 4c_1 - c_2 = 3 \\ c_1 + c_2 = 7 \end{cases}$$

を解くことで，$c_1 = 2, c_2 = 5$ を得る．従って，(7.15) より，求める解は，

$$y_1 = 8e^{2x} - 5e^{7x}, \qquad y_2 = 2e^{2x} + 5e^{7x} \tag{7.16}$$

である．

(3) k が正定数のとき，$\displaystyle\lim_{x \to \infty} e^{kx} = \infty$ なので，(7.16) より，

$$\lim_{x \to \infty} y_1(x) = \lim_{x \to \infty} \left(8e^{2x} - 5e^{7x}\right) = \lim_{x \to \infty} e^{2x}\left(8 - 5e^{5x}\right) = -\infty,$$
$$\lim_{x \to \infty} y_2(x) = \lim_{x \to \infty} \left(2e^{2x} + 5e^{7x}\right) = \infty$$

である． ∎

(注意) 例題 7.1 において，P の代わりに，$Q = \begin{bmatrix} -1 & 4 \\ 1 & 1 \end{bmatrix}$ を用いてもよい．このとき，例題 4.1 の (1) より，

$$Q^{-1}AQ = \begin{bmatrix} 7 & 0 \\ 0 & 2 \end{bmatrix}$$

なので，定理 7.3 より，求める一般解は，c_1, c_2 を任意定数として，

$$\begin{bmatrix} y_1 \\ y_2 \end{bmatrix} = Q \begin{bmatrix} c_1 e^{7x} \\ c_2 e^{2x} \end{bmatrix} = \begin{bmatrix} -c_1 e^{7x} + 4c_2 e^{2x} \\ c_1 e^{7x} + c_2 e^{2x} \end{bmatrix} \tag{7.17}$$

となる．この他にも，例えば，$R = \begin{bmatrix} 4 & 1 \\ 1 & -1 \end{bmatrix}$ を用いてもよく，このとき，

$$R^{-1}AR = \begin{bmatrix} 2 & 0 \\ 0 & 7 \end{bmatrix}$$

となるので，定理 7.3 より，求める一般解は，c_1, c_2 を任意定数として，

$$\begin{bmatrix} y_1 \\ y_2 \end{bmatrix} = R \begin{bmatrix} c_1 e^{2x} \\ c_2 e^{7x} \end{bmatrix} = \begin{bmatrix} 4c_1 e^{2x} + c_2 e^{7x} \\ c_1 e^{2x} - c_2 e^{7x} \end{bmatrix} \tag{7.18}$$

となる．ところで，(7.14), (7.17), (7.18) は，一見すると異なる解を表しているように思える．しかし，c_1, c_2 は任意定数なので，(7.14), (7.17), (7.18) はすべて同じ一般解を表している．例えば，(7.18) で $d_2 = -c_2$ とすれば，(7.18) は

$$\begin{bmatrix} y_1 \\ y_2 \end{bmatrix} = \begin{bmatrix} 4c_1 e^{2x} - d_2 e^{7x} \\ c_1 e^{2x} + d_2 e^{7x} \end{bmatrix}$$

と書き直せるので，(7.14) と同じ一般解を表現していることが理解できるであろう．

問題 7.1　　$y_1,\ y_2$ を未知関数とする連立微分方程式

$$\begin{cases} \dfrac{dy_1}{dx} = 9y_1 + 6y_2 \\[2mm] \dfrac{dy_2}{dx} = -8y_1 - 7y_2 \end{cases}$$

について以下の各問いに答えよ．

(1) 一般解を求めよ．

(2) 初期条件 $y_1(0) = 2,\ y_2(0) = 4$ を満たす解を求めよ．

(3) $y_1,\ y_2$ を (2) の解とするとき，$\displaystyle\lim_{x \to \infty} y_1(x)$ と $\displaystyle\lim_{x \to \infty} y_2(x)$ を求めよ．

解答

(1) $A = \begin{bmatrix} 9 & 6 \\ -8 & -7 \end{bmatrix}$ とすると，問題 4.1 の (1) より，$P = \begin{bmatrix} -1 & -3 \\ 2 & 2 \end{bmatrix}$ に対して，

$$P^{-1}AP = \begin{bmatrix} -3 & 0 \\ 0 & 5 \end{bmatrix}$$

となる．よって，定理 7.3 より，求める一般解は，$c_1,\ c_2$ を任意定数として，

$$\begin{bmatrix} y_1 \\ y_2 \end{bmatrix} = P \begin{bmatrix} c_1 e^{-3x} \\ c_2 e^{5x} \end{bmatrix} = \begin{bmatrix} -c_1 e^{-3x} - 3c_2 e^{5x} \\ 2c_1 e^{-3x} + 2c_2 e^{5x} \end{bmatrix}$$

である．すなわち，

$$y_1 = -c_1 e^{-3x} - 3c_2 e^{5x}, \qquad y_2 = 2c_1 e^{-3x} + 2c_2 e^{5x} \tag{7.19}$$

である．あるいは，

$$\begin{bmatrix} y_1 \\ y_2 \end{bmatrix} = c_1 e^{-3x} \begin{bmatrix} -1 \\ 2 \end{bmatrix} + c_2 e^{5x} \begin{bmatrix} -3 \\ 2 \end{bmatrix}$$

と表現することもできる．

(2) $e^0 = 1$ なので，(7.19) より

$$y_1(0) = -c_1 e^0 - 3c_2 e^0 = -c_1 - 3c_2, \qquad y_2(0) = 2c_1 e^0 + 2c_2 e^0 = 2c_1 + 2c_2$$

であり，従って，

$$y_1(0) = 2 \text{ かつ } y_2(0) = 4 \iff -c_1 - 3c_2 = 2 \text{ かつ } 2c_1 + 2c_2 = 4$$

である．よって，c_1, c_2 を未知数とする連立 1 次方程式

$$\begin{cases} -c_1 - 3c_2 = 2 \\ 2c_1 + 2c_2 = 4 \end{cases}$$

を解くことで，$c_1 = 4, c_2 = -2$ を得る．従って，(7.19) より，求める解は，

$$y_1 = -4e^{-3x} + 6e^{5x}, \qquad y_2 = 8e^{-3x} - 4e^{5x} \tag{7.20}$$

である．

(3) k が正定数のとき，$\lim_{x \to \infty} e^{kx} = \infty$, $\lim_{x \to \infty} e^{-kx} = 0$ なので，(7.20) より，

$$\lim_{x \to \infty} y_1(x) = \lim_{x \to \infty} \left(-4e^{-3x} + 6e^{5x}\right) = \lim_{x \to \infty} e^{5x} \left(-4e^{-8x} + 6\right) = \infty,$$

$$\lim_{x \to \infty} y_2(x) = \lim_{x \to \infty} \left(8e^{-3x} - 4e^{5x}\right) = \lim_{x \to \infty} e^{5x} \left(8e^{-8x} - 4\right) = -\infty$$

である．　■

７−３．微分方程式の例（放射性物質の崩壊）

　放射性物質は常に一定の割合で崩壊することが知られている．すなわち，単位時間あたりに崩壊する放射性物質の量は，まだ崩壊しないで残っている放射性物質の量に比例するのである．この法則は次のような微分方程式で表される．

$$\frac{d}{dt} y(t) = -ay(t) \qquad (a \text{ は正定数}) \tag{7.21}$$

ただし，$y(t)$ は時刻 t における放射性物質の量を表す（独立変数が時刻を表しているため，x ではなく t を用いている）．定理 7.2 より，(7.21) の一般解は，c を任意定数として，$y(t) = ce^{-at}$ で与えられる．また，$e^0 = 1$ より，初期条件 $y(0) = y^* > 0$ を満たす (7.21) の解は，$y(t) = y^* e^{-at}$ である．従って，放射性物質は指数関数的に減少していくことがわかる．

　今，（初期時刻 $t = 0$ と比べて）放射性物質の量が半分になる時刻を $t = T$ とすると，

$$y(T) = \frac{y(0)}{2},$$

すなわち，

$$y^* e^{-aT} = \frac{y^*}{2}$$

なので，

$$\log e^{-aT} = \log \frac{1}{2}$$

である（log は $\log_e$ を略記したものである）．ここで，

$$\log e^{-aT} = -aT \log e = -aT, \qquad \log \frac{1}{2} = \log 2^{-1} = -\log 2$$

である．よって，

$$-aT = -\log 2,$$

すなわち,

$$T = \frac{\log 2}{a}$$

であり，従って，T は放射性物質の量に無関係な値として定まり，半減期と呼ばれている．

関連図書

[1]　「理工基礎 線形代数」　高橋大輔 著　サイエンス社

[2]　「教養の線形代数 六訂版」　村上正康・佐藤恒雄・野澤宗平・稲葉尚志 共著　培風館

[3]　「線形代数 30 講」　志賀浩二 著　朝倉書店

[4]　「長岡亮介 線型代数入門講義 現代数学の《技法》と《心》」　長岡亮介 著　東京図書

[5]　「なっとくする行列・ベクトル」　川久保勝夫 著　講談社

[6]　「キーポイント 線形代数」　薩摩順吉・四ツ谷晶二 共著　岩波書店

[7]　「行列のヒミツがわかる！使える！ 線形代数講義」　梶原健 著　日本評論社

[8]　「線型代数学」　佐武一郎 著　裳華房

[9]　「線型代数入門」　齋藤正彦 著　東京大学出版会

[10]　「数学基礎プラス α（金利編）2016」　上江洲弘明・高木悟 共著　早稲田大学出版部

[11]　「数学基礎プラス α（最適化編）2016」　齋藤正顕・高木悟 共著　早稲田大学出版部

[12]　「数学基礎プラス β（金利編）2016」　上江洲弘明・高木悟 共著　早稲田大学出版部

[13]　「数学基礎プラス β（最適化編）2016」　齋藤正顕・高木悟 共著　早稲田大学出版部

[14]　「数学基礎プラス γ（解析学編）2016」　上江洲弘明 著　早稲田大学出版部

[15]　「数学基礎プラス α（金利編）2019」　早稲田大学グローバルエデュケーションセンター数学教育部門 編　早稲田大学出版部

[16]　「数学基礎プラス α（最適化編）2019」　早稲田大学グローバルエデュケーションセンター数学教育部門 編　早稲田大学出版部

[17]　「数学基礎プラス β（金利編）2019」　早稲田大学グローバルエデュケーションセンター数学教育部門 編　早稲田大学出版部

[18]　「数学基礎プラス β（最適化編）2019」　早稲田大学グローバルエデュケーションセンター数学教育部門 編　早稲田大学出版部

[19]　「数学基礎プラス γ（解析学編）2019」　早稲田大学グローバルエデュケーションセンター数学教育部門 編　早稲田大学出版部

索 引

数学基礎プラスγ（線形代数学編）（2020 年度版）　—行列の対角化とその応用—

2020 年 4 月 1 日　初版第 1 刷発行

　　　　　　　　編　者　早稲田大学グローバルエデュケーションセン
　　　　　　　　　　　　ター 数学教育部門
　　　　　　　　発行者　須賀　晃一
　　　　　　　　発行所　早稲田大学出版部
　　　　　　　　　　　　〒 169-0051　東京都新宿区西早稲田 1-9-12
　　　　　　　　　　　　電話 03-3203-1551　FAX 03-3207-0406